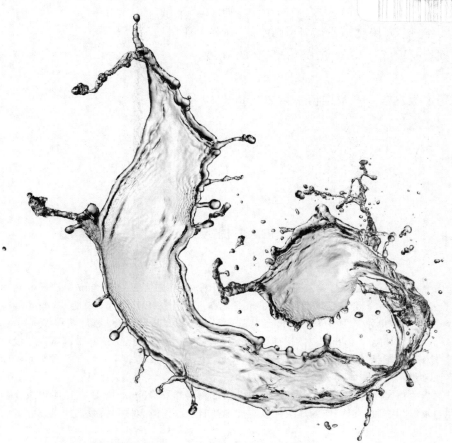

# Python

# 编程基础

## 第3版 | 微课版

Python Programming

张治斌 张良均 ◉ 主编

黄德胜 罗森月 杨光 ◉ 副主编

人民邮电出版社

北京

**图书在版编目（CIP）数据**

Python 编程基础：微课版 / 张治斌，张良均主编.
3 版. -- 北京：人民邮电出版社，2025. --（大数据技
术精品系列教材）. -- ISBN 978-7-115-66431-0

Ⅰ. TP312.8

中国国家版本馆 CIP 数据核字第 2025P59U80 号

## 内 容 提 要

　　本书全面介绍 Python 编程基础及其相关知识的应用，讲解如何利用 Python 解决部分实际问题。全书共 10 个单元，单元 1 介绍学习 Python 的准备工作，包括认识 Python、搭建 Python 环境、安装 PyCharm 等。单元 2～单元 8 主要介绍 Python 基础知识、Python 数据结构、程序流程控制语句、函数、面向对象编程、文件基础和 Python 常用的模块/库。单元 9 介绍综合案例：学生测试程序设计。单元 10 介绍综合案例：汽车销售数据分析。除单元 9、单元 10 外，本书其余各单元都包含单元实训和单元测试，通过练习和操作实践，读者可巩固所学的知识。

　　本书可用于"1+X"证书制度试点工作中的大数据应用开发（Python）职业技能等级（初级）证书相关内容的教学和培训，也可作为高校大数据技术类专业课程的教材和大数据技术爱好者的自学用书。

◆　主　　编　张治斌　张良均

　　副 主 编　黄德胜　罗森月　杨　光

　　责任编辑　曹严匀

　　责任印制　王　郁　焦志炜

◆　人民邮电出版社出版发行　　　北京市丰台区成寿寺路 11 号

　　邮编　100164　电子邮件　315@ptpress.com.cn

　　网址　https://www.ptpress.com.cn

　　大厂回族自治县聚鑫印刷有限责任公司印刷

◆　开本：787×1092　1/16

　　印张：16.75　　　　　　　　　　　　2025 年 5 月第 3 版

　　字数：372 千字　　　　　　　　　　2025 年 7 月河北第 2 次印刷

定价：59.80 元

读者服务热线：(010)81055256　印装质量热线：(010)81055316
反盗版热线：(010)81055315

# 大数据技术精品系列教材
# 专家委员会

肖　刚（韩山师范学院）　　　　　　吴阔华（江西理工大学）

邱炳城（广东理工职业学院）　　　　何小苑（广东水利电力职业技术学院）

余爱民（广东科学技术职业学院）　　沈　洋（大连职业技术学院）

沈凤池（浙江商业职业技术学院）　　宋眉眉（天津理工大学）

张　敏（广东泰迪智能科技股份有限公司）

张兴发（广州大学）

张尚佳（广东泰迪智能科技股份有限公司）

张治斌（北京信息职业技术学院）　　张积林（福建理工大学）

张雅珍（陕西工商职业学院）　　　　陈　永（江苏海事职业技术学院）

武春岭（重庆电子科技职业大学）　　周胜安（广东行政职业学院）

赵　强（山东师范大学）　　　　　　赵　静（广东机电职业技术学院）

胡支军（贵州大学）　　　　　　　　胡国胜（上海电子信息职业技术学院）

施　兴（广东泰迪智能科技股份有限公司）

韩宝国（广东轻工职业技术大学）　　曾文权（广东科学技术职业学院）

蒙　飚（柳州职业技术大学）　　　　谭　旭（深圳信息职业技术学院）

谭　忠（厦门大学）　　　　　　　　薛　云（华南师范大学）

薛　毅（北京工业大学）

 **序**

随着"大数据时代"的到来，电子商务、云计算、互联网金融、物联网、虚拟现实、人工智能等不断渗透并重塑传统产业。大数据当之无愧地成为新的产业革命核心，产业的迅速发展使教育系统面临新的要求与考验。

职业院校作为人才培养的重要载体，肩负着为社会培育人才的重要使命。职业院校做好大数据人才的培养工作，对职业教育向专业化、特色化类型教育发展具有重要的意义。2016 年，教育部批准职业院校设立大数据技术与应用专业，各职业院校随即做出反应，目前已经有超过 600 所学校开设了大数据技术相关专业。2019 年 1 月 24 日，国务院印发《国家职业教育改革实施方案》，明确提出"经过 5—10 年左右时间，职业教育基本完成由政府举办为主向政府统筹管理、社会多元办学的格局转变"。从 2019 年开始，教育部等四部门在职业院校、应用型本科高校启动"学历证书+若干职业技能等级证书"制度试点（以下简称"1+X"证书制度试点）工作。希望通过试点，深化教师、教材、教法"三教"改革，加快推进职业教育国家"学分银行"和资历框架建设，探索实现"书证融通"。

为响应"1+X"证书制度试点工作，广东泰迪智能科技股份有限公司联合业内知名企业及高校相关专家，共同制订《大数据应用开发（Python）职业技能等级标准》，并于 2020 年 9 月正式获批。大数据应用开发（Python）职业技能等级证书是以 Python 技术为主线，结合企业大数据应用开发场景制定的人才培养等级评价标准。此证书主要面向中等职业院校、高等职业院校和应用型本科院校的大数据、商务数据分析、信息统计、人工智能、软件工程和计算机科学等相关专业，涵盖企业大数据应用中各个环节的关键技术，如数据采集、数据处理、数据分析与挖掘、数据可视化、文本挖掘、深度学习等。

目前，大数据技术相关专业的高校教学体系配置过多地偏向理论教学，课程设置与企业实际应用契合度不高，学生很难把理论转化为实践应用技能。为此，广东泰迪智能科技股份有限公司针对大数据应用开发（Python）职业技能等级证书编写了相关配套教材，希望能有效解决大数据技术相关专业实践型教材紧缺的问题。

本系列教材的第一大特点是注重学生的实践能力培养，针对高校在实践教学中的痛点，首次提出"鱼骨教学法"的概念，携手"泰迪杯"竞赛，以企业真实需求为导向，使学生能紧紧围绕企业实际应用需求来学习技能，将学生需掌握的理论知识通过企业案例的形式与实际应用进行衔接，从而达到知行合一、以用促学的目的。这恰好与大数据应用开发（Python）职业技能等级证书中对人才的考核要求完全契合，可达到"书证融通""赛证融通"的目的。本系列教材的第二大特点是以大数据技术应用为核心，紧紧围绕大数据技术应用闭环的流程进行教学。本系列教材涵盖企业大数据应用中的各个环节，符合企业大数据应用的真实场景，使学生从宏观上理解大数据技术在企业中的具体应用场景和应用方法。

在深化教师、教材、教法"三教"改革和"书证融通""赛证融通"的人才培养实践过程中，本系列教材将根据读者的反馈意见和建议及时改进、完善，努力成为大数据时代的新型"编写、使用、反馈"螺旋式上升的系列教材建设样板。

全国工业和信息化职业教育教学指导委员会委员
计算机类专业教学指导委员会副主任委员
"泰迪杯"数据分析职业技能大赛组委会副主任

2020 年 11 月于粤港澳大湾区

# 前　言

随着大数据时代的来临，Python 越来越受到程序开发人员的喜爱。因为其不仅简单易学，还有丰富的第三方模块和完善的管理工具。从命令行脚本程序到 GUI 程序，从图形技术到科学计算，从软件开发到自动化测试，从云计算到虚拟化，都有 Python 的身影。Python 同时具有面向对象和函数式编程的特点，它的面向对象比 Java 的更彻底，它的函数式编程比 Scala 的更人性化。作为一种通用语言，Python 几乎可以用于任何领域和场合，在软件质量控制、开发效率、可移植性、组件集成等方面均处于领先地位。Python 作为大数据时代的核心编程基础技术之一，其相关应用与实操训练必将成为高校大数据技术类专业的重要学习目标。

## 第 3 版与第 2 版的区别

结合近几年 Python 的发展情况和广大读者的意见反馈，本书在保留第 2 版特色的基础上进行全面的升级，修订的主要内容如下。

- 教材结构由章节任务式结构调整为单元式结构。
- 使用的 Python 版本由 Python 3.8.5 升级为 Python 3.11.7；PyCharm 版本由 PyCharm 2021.1 升级为 PyCharm 2024.1.1。
- 在各单元中新增"素养目标"版块。
- 单元 1～单元 8 的每个单元都新增了具体操作任务。
- 在单元 1～单元 8 中更换部分案例及其对应数据。
- 将单元 2～单元 8 的单元实训调整为由一个大项目贯穿各单元的形式。
- 在单元 2 的"2.2.3 字符型数据的创建与基本操作"中补充字符串格式化的方法。
- 在单元 4 中新增"4.4 异常处理"。
- 在单元 8 中删除 shutil 模块的介绍与使用方法。
- 在单元 8 中补充 turtle 模块、jieba 库、PyInstaller 库、NumPy 库的介绍。
- 新增"单元 10 综合案例：汽车销售数据分析"。
- 新增"知识拓展"版块，介绍编写程序时的注意事项，以及使用 AIGC 工具辅助编程的方法。

## 本书特色

本书全面贯彻党的二十大精神，牢记为党育人、为国育才的初心使命，以社会主义核心价值观为指引，尊重职业教育人才培养时代性、规律性、创造性，内容契合"1+X"证书制度试点工作中的大数据应用开发（Python）职业技能等级（初级）证书考核标准。本书深入浅出地介绍 Python 开发环境搭建、Python 基础知识、Python 数据结构、程序流程控制语句、函数、面向对象编程、文件基础、Python 常用的模块/库等内容，并基于已介绍的基础知识实现综合案例。本书按照解决实际问题的工作流程，逐步介绍相关理论知识点，推导生成可行的解决方案，最后落实在任务实现环节。本书着重于解决思路的启发与解决方案的实施，通过体验从任务描述到任务实现这一完整工作流程，读者将真正理解并掌握 Python 编程技术。

## 本书适用对象

- 开设有大数据相关课程的高校的教师和学生。
- 数据分析开发人员。
- 进行数据分析应用研究的科研人员。
- "1+X"证书制度试点工作中的大数据应用开发（Python）职业技能等级（初级）证书考生。

## 代码下载及问题反馈

为了帮助读者更好地使用本书，本书配有原始数据文件和程序代码，以及 PPT 课件、教学大纲、教学进度表和教案等教学资源，读者可以从泰迪云教材网站免费下载，也可登录人邮教育社区（www.ryjiaoyu.com）下载。同时欢迎教师加入 QQ 交流群"人邮社数据科学教师服务群（大数据&人工智能&区块链）"（669819871）进行交流探讨。

由于编者水平有限，书中难免存在疏漏和不足之处。如果读者有宝贵的意见，欢迎在泰迪学社（TipDataMining）微信公众号中回复"图书反馈"进行反馈。更多关于本系列图书的信息可以在泰迪云教材网站查阅。

编　者

2024 年 12 月

泰迪云教材

# 目　录

# 单元 ① 准备工作

在我国加快建设制造强国、质量强国、航天强国、交通强国、网络强国、数字中国的进程中，在各行各业涉及的人工智能、大数据技术、工业互联网软件开发、数字孪生、云计算、物联网等相关技术领域，Python 语言都有着不俗的表现。Python 还拥有自由开放的社区环境、丰富的第三方模块，以及各种 Web 框架、爬虫框架、数据分析框架和机器学习框架。本单元首先介绍 Python 的基本概念、发展史和特性，然后介绍 Python 环境的搭建和 PyCharm 的安装，最后演示如何创建并执行程序。

## 思维导图

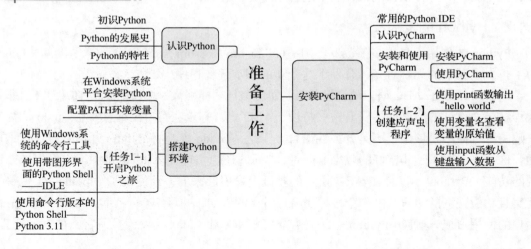

## 学习目标

（1）初识 Python，并了解 Python 的发展史和特性。

（2）掌握 Python 基本环境的安装方法及环境变量的配置方法。

（3）了解常用的 Python IDE。

（4）掌握 Python IDE PyCharm 的安装和使用。

（5）创建应声虫程序。

## 素养目标

（1）通过安装 Python、PyCharm，提高动手操作能力，培养学生耐心和细致的工作习惯。

（2）通过学习使用 PyCharm，加快开发速度，提高开发效率，培养学生高效工作的职业素养。

## 1.1 认识 Python

1.1 认识 Python

Python 具有强大的科学及工程计算能力，它不仅具有以矩阵计算为基础的强大数学计算能力和分析功能，而且具有丰富的可视化表现功能和简洁的程序设计能力。了解 Python 的基本概念、发展史及特性是学习 Python 的第一步。

### 1.1.1 初识 Python

Python 是一种结合了解释性、编译性、互动性和面向对象的高层次计算机语言，也是一种功能强大且完善的通用型语言，具有 30 多年的发展历史，成熟且稳定。

Python 具备垃圾回收功能，能够自动管理内存，常被当作脚本语言用于处理系统管理任务和编写网络程序。此外，Python 支持命令式程序设计、面向对象程序设计、函数式编程、泛型编程等多种编程范式，非常适合用于完成各种高级任务。

### 1.1.2 Python 的发展史

Python 的创始人是吉多·范罗苏姆（Guido van Rossum）。1989 年圣诞节期间，Guido 为了打发圣诞节的无聊时光，开发了这个新的脚本解释程序。

Python 继承了 ABC 语言的许多特性，如优美且功能强大。这些特性是专门为吸引非专业程序员而设计的。然而尽管有这些特性，ABC 语言并未获得广泛的接受，Guido 认为其失败的部分原因是该语言不是开源性语言。于是，Guido 决心将 Python 开源来避免重蹈覆辙，这一决策取得了非常好的效果。同时，Guido 还想实现在 ABC 语言中提出过但未曾实现的功能。Python 不仅是在 ABC 语言的基础上发展起来的，还受到了 Modula-3（另一种优美且功能强大的语言，由一个小型团队设计）的影响，并且结合了 UNIX Shell 和 C 语言用户的使用习惯，这使得 Python 一跃成为众多 UNIX 和 Linux 开发人员所青睐的开发语言。

### 1.1.3 Python 的特性

Python 被广泛应用于多个编程领域，无论是对于初学者，还是对于在科学计算领域具有一定经验的工作者，它都极具吸引力，其关键特性如下所述。

（1）**简单**。Python 的关键字相对较少，结构简单。

（2）**易学**。Python 具有极其简单的语法，学习起来较容易。

（3）**免费**、**开源**。Python 是自由/开源软件（Free/Libre and Open Source Software，FLOSS）。简单来说，用户可以自由地发布该软件的副本，查看和更改其源代码，并在新的免费程序中使用它。

（4）**具有广泛的标准库**。Python 最大的优势之一是具有广泛的标准库，支持许多常见的编程任务，如连接到 Web 服务器、使用正则表达式搜索文本、读取和修改文件等。

（5）**支持互动模式**。用户可以在终端输入、执行代码并获得结果，从而可以有交互性地测试和调试代码。

（6）**可移植**。由于其开源的特性，Python 已经被移植到许多平台上（经过改动，可以使它工作在不同平台上）。

（7）**可扩展**。用 C 语言或 C++语言，以及其他语言编写的关键代码或算法，可以在 Python 程序中调用。

（8）**可嵌入**。Python 可以嵌入 C 语言或 C++语言程序中，为程序用户提供"脚本"功能。

## **1.2** 搭建 Python 环境

用户可根据自己计算机的系统，从 Python 官网下载对应的 Python 3.11.7，并在成功安装后配置环境变量；在 Windows 系统的"命令提示符"窗口中输入"python"命令并执行，能得到图 1-1 所示的结果。

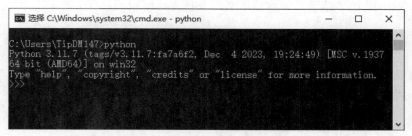

1.2　安装 Python 与配置环境变量

图 1-1　在 Windows 系统的"命令提示符"窗口中输入"Python"命令并执行

### 1.2.1　在 Windows 系统平台安装 Python

在 Windows 系统平台安装 Python 的具体操作步骤如下。

（1）打开浏览器，访问 Python 官网，如图 1-2 所示。

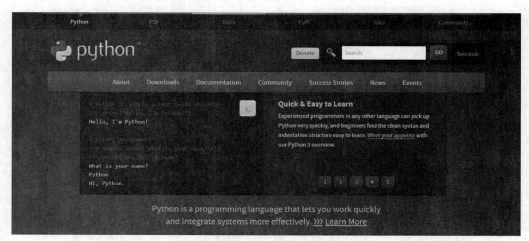

图 1-2　Python 官网

3

（2）选择"Downloads"菜单中的"Windows"选项，如图 1-3 所示。

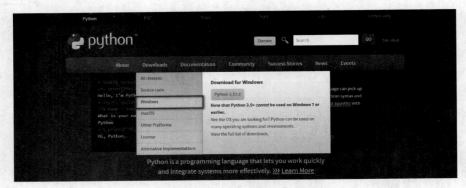

图 1-3 选择"Windows"选项

（3）找到 Python 3.11.7 的安装包，如果 Windows 系统版本是 32 位的，那么单击"Windows installer(32-bit)"超链接，然后下载；如果 Windows 系统版本是 64 位的，那么单击"Windows installer(64-bit)"超链接，然后下载，如图 1-4 所示。

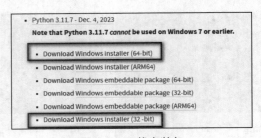

图 1-4 下载安装包

（4）下载完成后，双击运行下载的安装包，打开 Python 安装向导窗口，如图 1-5 所示，勾选"Add python.exe to PATH"复选框，然后单击"Customize installation"。

图 1-5 Python 安装向导窗口

（5）在打开的界面中保持默认选择，单击"Next"按钮，如图 1-6 所示，进入图 1-7 所示的界面，在该界面中可以修改安装路径，修改完成后单击"Install"按钮进行安装。

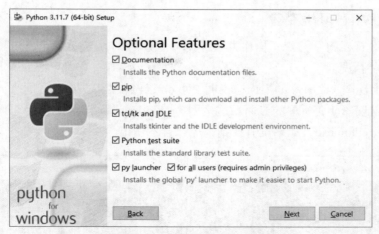

图 1-6　单击"Next"按钮

图 1-7　修改安装路径

（6）安装完成之后，会弹出安装成功的提示界面，如图 1-8 所示。

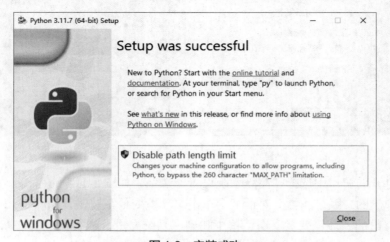

图 1-8　安装成功

### 1.2.2  配置 PATH 环境变量

打开"命令提示符"窗口（操作方法详见【任务 1-1】），输入"python"命令并执行，会出现以下两种情况。

情况 1：出现图 1-1 所示的界面，说明 Python 已经安装成功。

情况 2：出现图 1-9 所示的界面。这是因为 Windows 系统会根据 PATH 环境变量设定的路径去查找 python.exe，如果没有找到，那么会不输出。

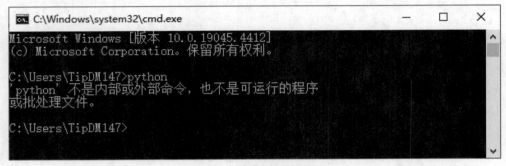

图 1-9  找不到 Python

如果出现情况 2，就需要将 python.exe 所在的路径添加到 PATH 环境变量中，以 Windows 10 为例，具体步骤如下。

（1）右键单击"此电脑"图标，在弹出的快捷菜单中选择"属性"选项，如图 1-10 所示。

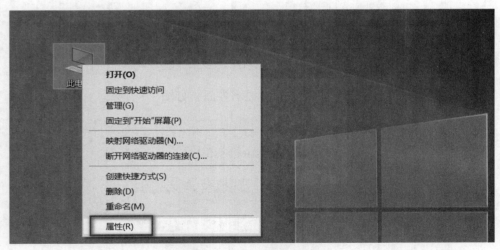

图 1-10  选择"属性"选项

（2）在打开的窗口中选择"高级系统设置"选项，如图 1-11 所示。

（3）在弹出的"系统属性"对话框中单击"环境变量"按钮，如图 1-12 所示。

（4）在弹出的"环境变量"对话框中找到"系统变量"列表框中的"Path"选项，如图 1-13 所示。

图 1-11 选择"高级系统设置"选项

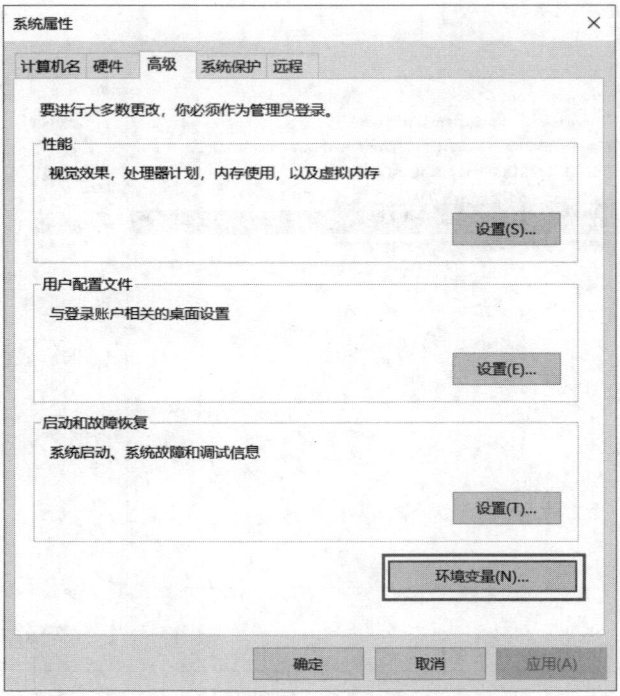

图 1-12 单击"环境变量"按钮

图 1-13　找到"Path"选项

（5）双击"Path"选项，在弹出的"编辑环境变量"对话框中可编辑变量值，在"变量值"文本框中添加 Python 的安装路径。例如，安装路径为"D:\Python311"，则添加的变量值为"D:\Python311"，如图 1-14 所示。

图 1-14　添加路径

（6）单击"确定"按钮。打开"命令提示符"窗口，输入"python"命令并执行，出现图 1-1 所示的界面，说明已经配置好 Python 的 PATH 环境变量。

## 【任务 1-1】开启 Python 之旅

 任务描述

成功安装 Python 之后，即可正式开始 Python 之旅。Python 的打开方式有 3 种：使用 Windows 系统的命令行工具（cmd）、使用带图形界面的 Python Shell——集成开发和学习环境（Integrated Development and Learning Environment，IDLE）、使用命令行版本的 Python Shell——Python 3.11。

任务实现

### 1. 使用 Windows 系统的命令行工具

cmd 即命令提示符，"命令提示符"窗口是 Windows 环境下的虚拟磁盘操作系统（Disk Operating System，DOS）窗口。在 Windows 系统下，打开"命令提示符"窗口有 3 种方法。

（1）按"Win+R"组合键，其中"Win"键是键盘上的开始菜单键，如图 1-15 所示，在弹出的"运行"对话框的"打开"文本框中输入"cmd"，如图 1-16 所示，单击"确定"按钮，即可打开"命令提示符"窗口。

（2）在"所有程序"列表中搜索"cmd"，如图 1-17 所示。选择"命令提示符"选项或按"Enter"键即可打开"命令提示符"窗口。

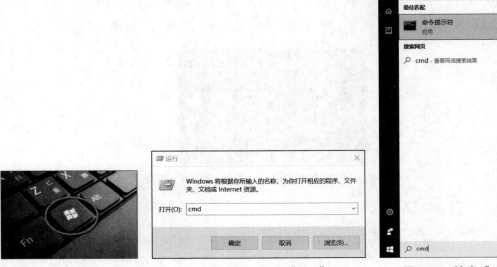

图 1-15 "Win"键　　　图 1-16 输入"cmd"　　　图 1-17 搜索"cmd"

（3）在"C:\Windows\System32"路径下找到"cmd.exe"，如图 1-18 所示，双击即可打开"命令提示符"窗口。

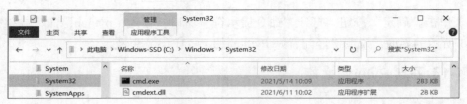

图 1-18　双击"cmd.exe"

打开"命令提示符"窗口后，输入"python"命令并按"Enter"键，如果出现">>>"符号，那么说明已经进入 Python 交互式编程环境，如图 1-19 所示。此时若输入"exit()"命令即可退出。

图 1-19　Python 交互式编程环境

### 2．使用带图形界面的 Python Shell——IDLE

IDLE 是开发 Python 程序的基本集成开发环境（Integrated Development Environment，IDE），由 Guido 亲自编写（至少最初的绝大部分由其编写）。IDLE 适合用来测试和演示一些简单代码的执行效果。

在 Windows 系统下安装好 Python 后，可以在"开始"菜单中找到 IDLE，选择"IDLE (Python 3.11 64-bit)"选项，如图 1-20 所示，即可打开 IDLE 界面，如图 1-21 所示。

图 1-20　选择"IDLE(Python 3.11 64-bit)"选项

```
IDLE Shell 3.11.7                                          —  □  ×
File  Edit  Shell  Debug  Options  Window  Help
     Python 3.11.7 (tags/v3.11.7:fa7a6f2, Dec  4 2023, 19:24:49) [MSC v.1937 64 bit
     (AMD64)] on win32
     Type "help", "copyright", "credits" or "license()" for more information.
>>>  |

                                                            Ln: 3  Col: 0
```

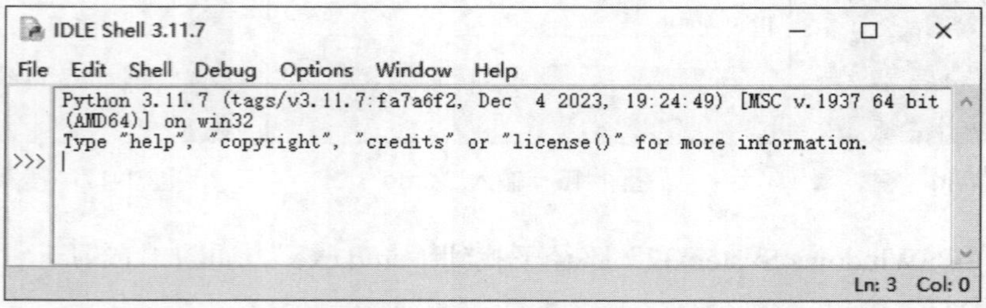

图 1-21　IDLE 界面

### 3. 使用命令行版本的 Python Shell —— Python 3.11

命令行版本的 Python Shell —— Python 3.11 的打开方法和 IDLE 的打开方法是一样的。在 Windows 系统的"开始"菜单中选择"Python 3.11(64-bit)"选项，如图 1-22 所示，即可打开 Python 3.11 界面，如图 1-23 所示。

图 1-22　选择"Python 3.11(64-bit)"选项

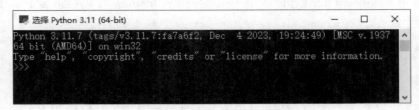

图 1-23　Python 3.11 界面

## 1.3　安装 PyCharm

在 Windows 系统下安装 PyCharm，并创建一个名为"python"的项目，在此项目下新建一个名为"study.py"的文件。

1.3　安装 PyCharm

### 1.3.1　常用的 Python IDE

IDE 是一种辅助程序开发人员进行开发的应用软件，在开发工具内部即可辅助编写代码，并编译打包，使之成为可用的程序，有些甚至可以设计图形接口。IDE 也是集代码编写、分析、编译、调试等功能于一体的开发软件服务套（组），通常包括编程语言编辑器、自动构建工具和调试器。

在 Python 的应用过程中，IDE 是不可或缺的，它可以帮助开发人员加快开发速度，提高开发效率。在 Python 中，常见的 IDE 有 Python 自带的 IDLE、PyCharm、Jupyter Notebook、Spyder 等，简单介绍如下。

（1）IDLE。IDLE 完全用 Python 编写，并使用 Tkinter UI 工具集。尽管 IDLE 不适用于大型项目的开发，但它对于小型的 Python 程序和不同特性的 Python 实验非常有帮助。

（2）PyCharm。PyCharm 由 JetBrains 公司开发。该公司的 IntelliJ IDEA 在行业内也非常受欢迎。PyCharm 和 IntelliJ IDEA 共享相同的基础代码，PyCharm 中的大多数特性都能通过免费的 Python 插件引入 IntelliJ IDEA 中。本书将着重介绍 PyCharm。

（3）Jupyter Notebook。Jupyter Notebook 提供了一个基于 Web 的交互式界面，允许用

户将实时代码、方程、可视化和解释性文本合并到一个文档中，其使用过程类似于在纸上写字，可轻松擦除先前写的代码，并且可以将编写的代码进行保存，可用来做笔记和编写简单代码，相当方便。

（4）Spyder。Spyder 是专门面向科学计算的 Python 交互式开发环境，它集成了 pyflakes、Pylint 和 rope 等。Spyder 是免费、开源的，它提供了代码补全、语法高亮、类和函数浏览器，以及对象检查等功能。

### 1.3.2　认识 PyCharm

PyCharm 可以帮助 Python 开发人员提高工作效率，它功能丰富，包括调试、语法高亮、Project 管理、代码跳转、智能提示、自动完成、单元测试及版本控制等。

PyCharm 还提供了一些高级功能，用于支持 Django 框架下的专业 Web 开发，同时支持 Google App Engine 和 IronPython。这些功能使 PyCharm 成为 Python 专业开发人员和初学者的有力工具。

### 1.3.3　安装和使用 PyCharm

#### 1．安装 PyCharm

PyCharm 可以跨平台使用，分为社区版和专业版。其中，社区版是免费的，专业版是需要付费的。对于初学者来说，两者差异不大。在使用 PyCharm 之前，需要先进行安装，具体安装步骤如下。

（1）打开 PyCharm 官网，如图 1-24 所示，单击 "Download" 按钮。

图 1-24　PyCharm 官网

（2）选择 Windows 系统的社区版，单击 "Download" 按钮即可进行下载，如图 1-25 所示。

图 1-25　选择社区版并下载

（3）下载完成后，双击安装包打开安装向导，如图 1-26 所示，单击"下一步"按钮。

图 1-26　安装向导

（4）在进入的界面中自定义软件安装路径，建议路径中不要使用中文字符，如图 1-27 所示，单击"下一步"按钮。

图 1-27　自定义软件安装路径

（5）在进入的界面中，创建桌面快捷方式并关联.py 文件，如图 1-28 所示，单击"下一步"按钮。

图 1-28　创建桌面快捷方式并关联.py 文件

（6）在进入的界面中单击"安装"按钮默认安装。安装完成后单击"完成"按钮，如图 1-29 所示。

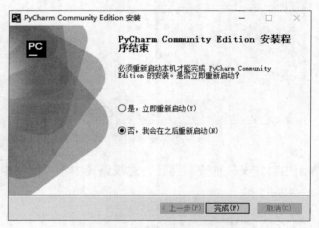

图 1-29　单击"完成"按钮

（7）双击桌面上的快捷方式，在弹出的"Import PyCharm Settings"对话框中选择"Do not import settings"单选项，如图 1-30 所示，单击"OK"按钮。

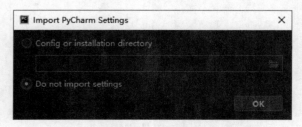

图 1-30　选择"Do not import settings"单选项

（8）重启应用后，将会打开图 1-31 所示的界面，单击"New Project"图标创建新项目。

图 1-31　应用初始界面

（9）在打开的"New Project"窗口中自定义项目存储路径，如图 1-32 所示，IDE 默认关联 Python 解释器，单击"Create"按钮。

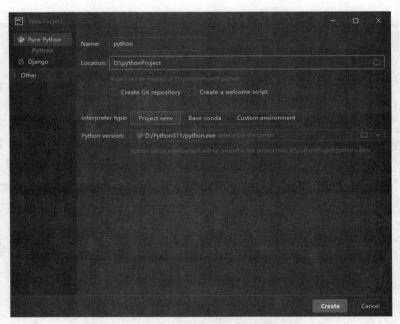

图 1-32　自定义项目存储路径

（10）这样就进入了 PyCharm 界面，如图 1-33 所示。

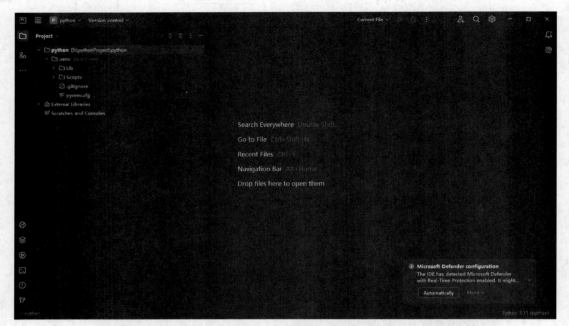

图 1-33　PyCharm 界面

（11）更换 PyCharm 的主题。单击"File"菜单下的"Settings"命令，如图 1-34 所示。在弹出的"Settings"对话框中，依次选择"Appearance & Behavior"→"Appearance"选项，在"Theme"下拉列表中选择自己喜欢的主题，这里选择"Light with Light Header"，如图 1-35 所示。

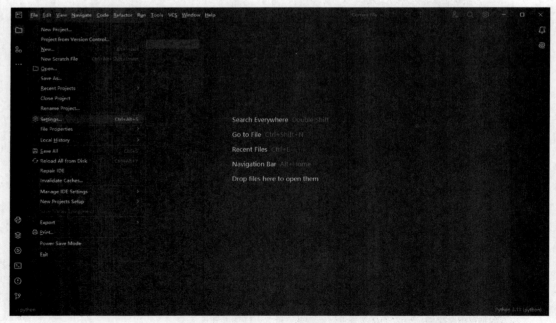

图 1-34　单击"Settings"命令

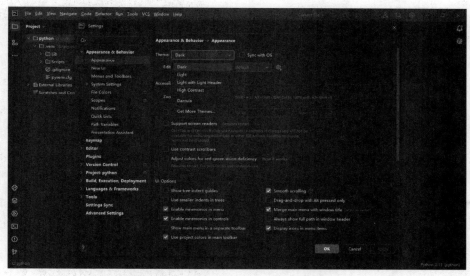

图 1-35 选择 "Light with Light Header"

## 2. 使用 PyCharm

（1）新建好项目（此处项目名为 python）后，还要新建一个.py 文件。右击项目名 "python"，在弹出的快捷菜单中选择 "New" → "Python File" 命令，如图 1-36 所示。

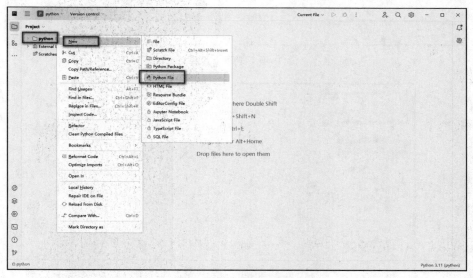

图 1-36 新建.py 文件

（2）在弹出的对话框中输入文件名 "study" 后按 "Enter" 键即可新建 study.py 文件，如图 1-37 所示。选择该文件并按 "Enter" 键即可打开此脚本文件，如图 1-38 所示。如果是首次安装 PyCharm，那么此时的运行按钮是灰色的，处于不可触发的状态，要运行脚本需要设置控制台。

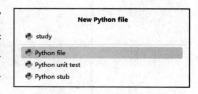

图 1-37 输入文件名

# Python 编程基础（第 3 版）（微课版）

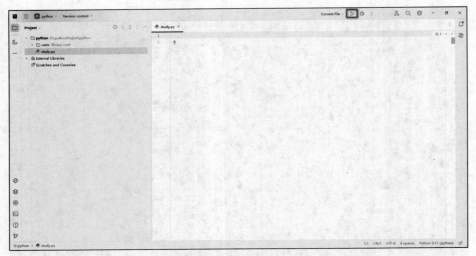

图 1-38　打开脚本文件

（3）单击运行按钮左边的下拉按钮，如图 1-39 所示，选择"Edit Configurations"，弹出"Run/Debug Configurations"对话框，单击"+"按钮，新建一个 Python 配置项，如图 1-40 所示。

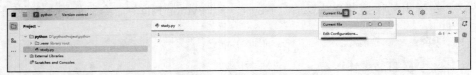

图 1-39　单击下拉按钮

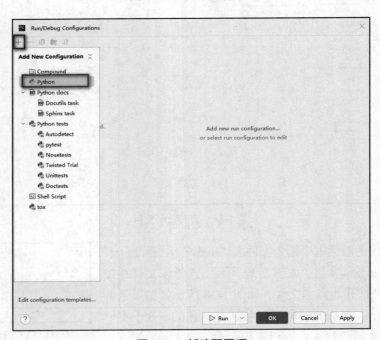

图 1-40　新建配置项

18

（4）在右侧窗格中的"Name"文本框中输入文件名，单击"script"选项右侧的"浏览"按钮，找到刚刚新建的 study.py 文件，如图 1-41 所示。单击"OK"按钮之后，运行按钮就会变成绿色，此时就可以正常编程了。

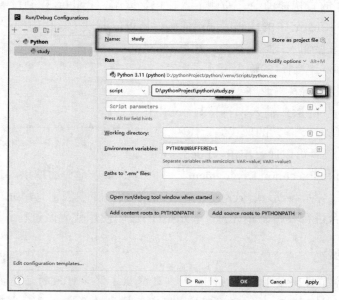

图 1-41　找到 study.py 文件

PyCharm 是可用于编写代码的 IDE 工具。为了方便读者编写或修改代码，本书的代码均使用 PyCharm 进行编写和测试。PyCharm 的界面如图 1-42 所示。

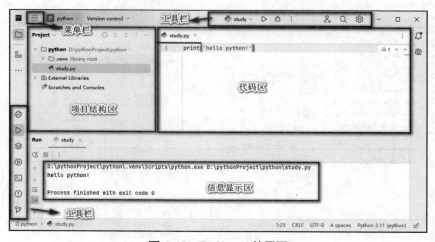

图 1-42　PyCharm 的界面

由图 1-42 所示的标注可知，PyCharm 的界面可分为菜单栏、工具栏、项目结构区、代码区和信息显示区。各个区域的工作范围如下。

（1）菜单栏：包含影响整个项目或部分项目的命令，如打开项目、创建项目、重构代码、运行和调试应用程序、保存文件等命令。

（2）项目结构区：已经创建完成的项目或文件的展示区域。

（3）代码区：编写代码的区域。

（4）信息显示区：查看程序输出信息的区域。

（5）工具栏：放置快捷命令，左侧工具栏包含终端、Python 控制台等功能。

除了可以在 PyCharm 中的代码区编辑代码，还可以通过工具栏中的 "Python Console"
（Python 控制台）直接输入代码并执行，然后立
刻得到结果。Python 控制台的输入模式主要有
两种：一种是通过 In 输入，通过 Out 输出；另
一种是通过 ">>>" 的形式输入，直接显示输
出结果。本书主要以 ">>>" 的形式编写代码，
如图 1-43 所示。读者可以通过单击 "File" →

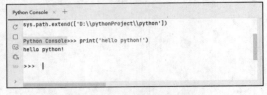

图 1-43　Python 控制台

"Settings" → "Build,Execution,Deployment" → "Console" 命令，取消勾选 "Use IPython if
available" 复选框，将默认形式修改为 ">>>" 的形式。在本书中，单元 1～单元 8 的代码
使用 Python 控制台进行编写，单元 9、单元 10 的代码使用代码区进行编写。

 **知识拓展**

　　PyCharm 除了提供了丰富的功能之外，还提供了许多可用的插件扩展其功能，帮
助开发者更高效地开发 Python 应用程序，提高开发者的开发效率和代码质量。读者可
以通过单击 "File" 菜单下的 "Settings" 命令，在弹出的 "Settings" 对话框中，选择
"Plugins" 选项，在 "Marketplace" 列表中选择需要安装的插件，如图 1-44 所示。

图 1-44　选择插件

PyCharm 常用的插件及其介绍如下。

（1）Chinese (Simplified) Language Pack/中文语言包：能够为基于 IntelliJ 平台的 IDE 提供完全中文化的界面。

（2）TONGYI Lingma：通义灵码，是一款基于通义大模型的智能编码辅助工具，提供行级/函数级实时续写、自然语言生成代码、单元测试生成、代码注释生成、代码解释、研发智能问答、异常报错排查等能力，并针对阿里云 SDK（Software Development Kit，软件开发工具包）/API（Application Programming Interface，应用程序接口）的使用场景调优，为开发者带来高效、流畅的编码体验。

（3）Regex Tester：可以帮助开发者测试正则表达式，非常适合需要处理复杂字符串匹配的开发者使用。

（4）Key Promoter X：当在 IDE 内部的某个按钮上使用鼠标时，显示应使用的键盘快捷方式，能够帮助开发者快速掌握常用快捷键的使用方法，提高开发者的开发效率。

## 【任务 1-2】创建应声虫程序

 任务描述

Python 和 PyCharm 安装完成后，即可开始创建本书的第一个程序——应声虫程序。应声虫程序是一个简单的 Python 脚本，它的功能是对用户的输入进行响应。当用户输入"hello world"时，程序会输出相应的响应。程序可通过不同的方式实现对"hello world"的响应，包括直接输出、存储在变量中输出，以及分别存储在两个变量中并计算这两个变量的和。通过应声虫程序，读者可以了解到如何使用 Python 的基本功能来创建响应式的程序。

任务实现

### 1. 使用 print 函数输出"hello world"

在 Python 中，实现数据输出的方式有两种：一种是使用 print 函数；另一种是直接使用变量名来查看相应变量的原始值。

print 函数用于输出数据，其语法结构如下。

```
print( < expressions >)
```

print 函数语法结构里的单词"expressions"为复数形式，其含义是表达式可以有多个。Python 在执行 print 函数时，先计算表达式的值，再将表达式的值输出。

如果有多个表达式，那么表达式之间用逗号（,）隔开，语法结构如下。

```
print( < expression >,< expression >,...,< expression >)
```

在新建的.py 文件中使用 print 函数输出，参考代码如任务实现 1-1 所示。

任务实现 1-1　print 函数输出

```
>>> print('hello world')
hello world
```

```
>>> print('hello', 'world')
hello world
```

由代码 1-1 可知，第 2 个 print 函数使用逗号连接两个字符串，在输出的时候，"hello"和 "world" 中间有一个空格。

### 2. 使用变量名查看变量的原始值

在交互式环境中，为了方便，可以直接使用变量名查看变量的原始值，以达到输出的目的，参考代码如任务实现 1-2 所示。

#### 任务实现 1-2　先赋值，再输出

```
>>> character = 'hello world'
>>> character
'hello world'
```

在任务实现 1-2 中，将 "hello world" 赋值给 character，然后直接输出 character，即可查看 character 的原始值。

直接在交互式环境中运行 "hello world" 语句，也可以实现输出，参考代码如任务实现 1-3 所示。

#### 任务实现 1-3　直接输出

```
>>> 'hello world'
'hello world'
```

### 3. 使用 input 函数从键盘输入数据

在 Python 中，可以通过 input 函数从键盘输入数据，input 函数的语法结构如下。

```
input(< prompt >)
```

input 函数的形参 prompt 代表一个字符串，用于提示用户输入数据。input 函数的返回值是字符串型的，参考代码如任务实现 1-4 所示。

#### 任务实现 1-4　input 函数输入

```
>>> character = input('input your character: ')
>>> print(character)
input your character:
```

在任务实现 1-4 中，第 1 行语句使用 input 函数提示用户输入数据。用户输入数据后，input 函数会把数据传递给等号（＝）左边的 character 变量来保存。第 2 行调用 print 函数输出 character 变量的值，所以执行第 2 行语句后会输出字符串 "input your character:"，作为新的提示符。输入 "hello world" 后按 "Enter" 键，即可出现图 1-45

图 1-45　输出结果

所示的结果，程序将完整地输出"hello world"。

若想依次输出"first:"和"second:"，则可以用字符串拼接的方式，参考代码如任务实现 1-5 所示。

**任务实现 1-5　字符串拼接**

```
>>> x = input('first: ')
>>> y = input('second: ')
>>> print(x + y)
```

在执行第 3 行语句后，程序会依次输出"first:"和"second:"，用户依次输入"hello"和"world"后按"Enter"键，即可出现图 1-46 所示的结果，程序将完整地输出"helloworld"。

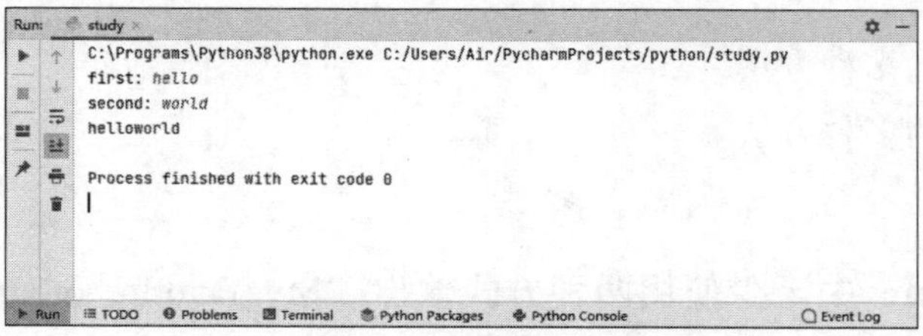

图 1-46　执行结果

### 知识拓展

人工智能生成内容（Artificial Intelligence Generated Content，AIGC）是通过人工智能技术自动生成内容的生产方式，可用于创作文字、图像、音频、视频、代码等多种形式的内容。AIGC 不仅可以提高内容创作效率，节省时间和人力资源，而且能在一定程度上辅助学习，如生成个性化的学习内容、丰富学习资源等。

使用某 AIGC 工具生成 print 函数的使用示例的生成命令如下。

生成 print 函数的使用示例

基于生成命令得到的内容如图 1-47 所示。

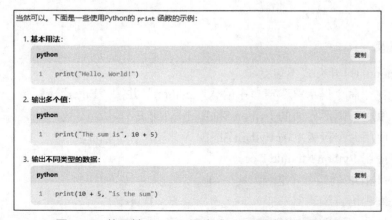

图 1-47　使用某 AIGC 工具生成 print 函数的使用示例

## 单元小结

本单元介绍了 Python 的基本概念、发展史以及特性，同时介绍了 Python 环境的搭建，其中重点介绍如何在 Windows 系统平台上安装 Python，并配置 PATH 环境变量。此外，还介绍了常用的 Python IDE，包括 PyCharm 的安装和使用，并通过创建应声虫程序，介绍了 Python 的输出和输入。

## 单元实训　输入和输出

### 1. 实训要点

（1）掌握输出的多种方法。
（2）掌握输入的多种方法。

### 2. 需求说明

（1）在 PyCharm 中至少使用两种方式输出"My favorite programming language is Python"。

（2）在 PyCharm 中输入"My favorite programming language is"和"Python"，并且输出"My favorite programming language is Python"。

### 3. 实训思路及步骤

（1）打开 PyCharm，新建一个名为"Python"的项目。

（2）在"Python"项目下新建一个名为"training_output"的.py 文件，并在此文件中执行输出语句。

（3）在"Python"项目下新建一个名为"training_input"的.py 文件，并在此文件中执行输入和输出语句。

## 单元测试

### 1. 选择题

（1）Python 的打开方式不包括（　　　）。

    A. 在"命令提示符"窗口中输入"python"并按"Enter"键

    B. 使用带图形界面的 Python Shell —— IDLE

    C. 使用命令行版本的 Python Shell

    D. 使用 Python Module Docs

（2）Python IDE 的组成不包括（　　　）。

    A. 编程语言编辑器           B. 代码仓库

    C. 自动构建工具           D. 调试器

（3）以下关于在 PyCharm 中创建.py 文件的操作正确的是（　　　　）。

    A.　单击 "File" → "New" → "File"

    B.　单击 "File" → "New Project"

    C.　单击 "File" → "New" → "Python File"

    D.　单击 "File" → "Open"

## 2．操作题

（1）在 PyCharm 中至少使用两种方式输出 "Nice to meet you Python"。

（2）在 PyCharm 中输入 "Nice to meet you Python"，并输出 "Nice to meet you Python"。

（3）编写程序，实现可以从键盘输入一个整数和一个字符，并在屏幕上显示输出信息的效果。

# 单元 ② Python 基础知识

Python 是一种解释型语言，与 C 语言相比有较多不同的语法规则。本单元首先介绍 Python 的固定语法，然后比较全面地介绍 Python 基础变量的特点和使用方法，最后介绍 Python 的运算符。

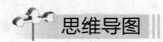

## 思维导图

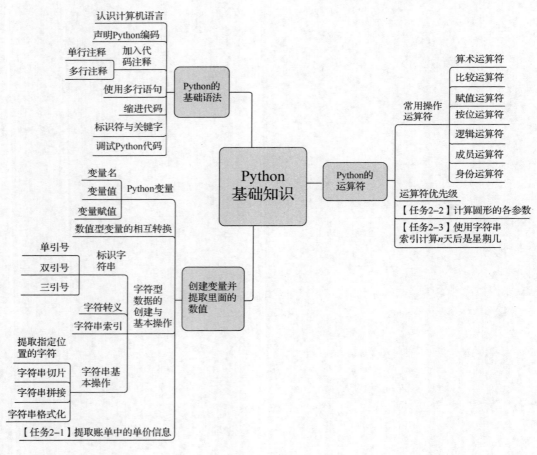

## 学习目标

（1）掌握 Python 的基础语法。

（2）了解 Python 的基础变量类型。

（3）掌握 Python 数值型变量的使用和常用操作。

（4）掌握 Python 字符型变量的使用和常用操作。

（5）掌握 Python 常用操作运算符的使用方法。

## 素养目标

（1）通过加入代码注释，提高代码的可读性和可维护性，培养学生长远发展的眼光和可持续发展的意识。

（2）通过学习调试 Python 代码，使学生认识到，即使微小的错误或者疏忽，也可能导致严重的后果。培养学生细致严谨的态度。

## 2.1 Python 的基础语法

2.1 Python 基础知识

为了更好地学习和编写代码，首先需要认识计算机语言并学习 Python 的编程规则，掌握 Python 作为计算机语言的基础语法要求。

### 2.1.1 认识计算机语言

众所周知，人与人之间可以通过人类语言进行交流，人与计算机之间可以通过计算机语言（将人类语言转化成计算机能够理解的语言）进行交流。计算机语言的种类很多，总体可以分为三大类，分别是机器语言、汇编语言和高级语言。

机器语言是指计算机能够识别的指令集合，其指令由 "0" 和 "1" 组成。汇编语言在机器语言的基础上进行了改进，以英文单词代替 0 和 1。例如，"Add" 代表相加，"Mov" 代表传递数据等。汇编语言实际上就是机器语言的记号。高级语言并不特指某一种语言，它泛指很多编程语言，如 Python、C 语言、C++、Java 等。大多数编程者都会选择使用高级语言进行开发。相对于汇编语言，高级语言将许多相关的机器指令合成为单条指令，并且去掉了与具体操作有关但与完成工作无关的细节，如使用堆栈、寄存器等，极大地简化了程序中的指令。高级语言源程序可以通过解释和编译两种方式执行，一般使用编译的方式。由于 Python 省略了很多编译细节，因此更容易上手。

Python 的设计目标之一是让代码具有高度的可读性，其使用的标点符号和英文单词大多与其他语言经常使用的一致，因此使用它设计的程序代码看起来整洁且美观。Python 不像其他静态语言（如 C 语言、Pascal 等）一样需要重复书写声明语句，在一定程度上避免了经常出现特殊情况和意外。

### 2.1.2 声明 Python 编码

Python 3 安装完成后，系统默认其源码文件为 UTF-8 编码。在此编码下，全世界大多数编程语言的字符都可以同时在字符串和注释中得到准确的编译。

在大多数情况下，通过编辑器编写的 Python 代码默认保存为 UTF-8 编码的脚本文件，这样系统在通过 Python 执行相应文件时就不容易出错。但是如果编辑器不支持 UTF-8 编码的文件，或团队合作时有人使用了其他编码格式，那么 Python 3 将无法自动识别脚本文件，从而造成程序执行错误，这时候对 Python 脚本文件进行编码声明就显得尤为重要。例如，GBK 脚本文件在没有编码声明时执行将会出错，经编码声明后，脚本文件即可正常执行。

为源文件指定特定的字符编码时，需要在文件的首行或第二行插入特殊的注释行，通常使用的编码声明格式如下。

```
#-*-coding:utf-8-*-
```

通过上述声明，源文件中的所有字符都会按照"coding"指代的 UTF-8 编码进行处理。当然，这并不是唯一的声明格式，上述格式只是普遍使用的一种格式。其他格式的声明，如"#coding:utf-8"和"#coding=utf-8"，也都是可以的。

在编写 Python 脚本时，除了要声明编码外，还需要注意路径声明。路径声明的格式如下。

```
#D:/Python311
```

上述语句声明的路径为 Python 的安装路径。路径声明的目的是告诉系统调用"D:/Python311"目录下的 Python 解释器执行文件。路径声明一般放在脚本首行。

### 2.1.3 加入代码注释

注释对于编程来说是必不可少的，即使是简短的几行 Python 代码，如果使用了一些生僻的编写方法，开发人员也需要花一定时间才能将其弄明白。实际应用中，开发人员常常要面对成千上万行晦涩难懂的代码，如果代码注释不够详细，那么时间一长，甚至连开发人员自己也会弄不清代码的含义。

#### 1. 单行注释

单行注释通常以井号（#）开头，如代码 2-1 所示。

代码 2-1　单行注释

```
>>> # 这是一个单独成行的注释
>>> print('Hello, World!')  # 这是一个在代码后面的注释
```

注释行是不会被机器解释的。这里需要注意的是，前文介绍的编码声明虽然也是以井号（#）开头的，但其不属于注释行，而且编码声明需要放在首行或第二行，否则不会被机器解释。

#### 2. 多行注释

在实际应用中常常会有多行注释的需求，同样也可以使用井号（#）进行注释，只需在每一行注释前加上井号（#）即可。

（1）井号（#）注释

使用井号（#）进行多行注释，如代码 2-2 所示。

代码 2-2　使用井号（#）进行多行注释

```
>>> # 这是一个使用#的多行注释
```

```
>>> # 这是一个使用#的多行注释
>>> # 这是一个使用#的多行注释
>>> print('Hello, World!')
```

使用井号（#）进行多行注释显得有些烦琐。Python 对多行注释还提供了另一种更加方便、快捷的方式，即使用 3 个单引号或 3 个双引号将注释内容包含，达到注释多行或整段内容的效果。

（2）单引号注释

使用单引号进行多行注释，如代码 2-3 所示。

代码 2-3　使用单引号进行多行注释

```
>>> '''
该多行注释使用的是 3 个单引号
该多行注释使用的是 3 个单引号
该多行注释使用的是 3 个单引号
'''
>>> print('Hello, World!')
```

（3）双引号注释

使用双引号进行多行注释，如代码 2-4 所示。

代码 2-4　使用双引号进行多行注释

```
>>> """
该多行注释使用的是 3 个双引号
该多行注释使用的是 3 个双引号
该多行注释使用的是 3 个双引号
"""
>>> print('Hello, World!')
```

当使用引号进行多行注释时，需要保证前后使用的引号类型一致。前面使用单引号、后面使用双引号，或前面使用双引号、后面使用单引号，都是不允许的。

## 2.1.4　使用多行语句

多行语句一般用于一条语句太长，在一行中写完会显得很不美观的情况。在代码中使用反斜线（\）可以实现一条长语句的换行，同时其不会被机器识别成多条语句，如代码 2-5 所示。

代码 2-5　使用反斜线换行

```
>>> total = applePrice + \
...     bananaPrice + \
...     pearPrice
```

但是在 Python 中，方括号（[]）、花括号（{}）、圆括号（()）里面的多行语句在换行时是不需要使用反斜线的，例如，在方括号中的多行语句可以使用逗号换行，如代码 2-6 所示。

代码 2-6　使用逗号换行

```
>>> total = [applePrice,
...      bananaPrice,
...      pearPrice]
```

此外，使用分号（;）可对多条短语句实现隔离，从而在同一行书写多条语句，如代码 2-7 所示。一行多条语句，通常在短语句中应用得比较广泛。

代码 2-7　使用分号实现短语句隔离

```
>>> applePrice = 8; bananaPrice = 3.5; pearPrice = 5
```

### 2.1.5　缩进代码

Python 的特色之一就是以缩进的方式来标识代码块，不再需要使用花括号，这样会使代码看起来更加简洁明了。同一个代码块的语句必须保证相同的缩进，否则将会出错。至于缩进的空格数，Python 并没有硬性要求，只需保证数量相同即可。

正确缩进示例如代码 2-8 所示。

代码 2-8　正确缩进示例

```
>>> if True:
...     print('我的行缩进空格数相同')
... else:
...     print('我的行缩进空格数相同')
```

错误缩进示例如代码 2-9 所示，其最后一行语句的缩进的空格数与其他行的不一致，会导致代码运行出错。

代码 2-9　错误缩进示例

```
>>> if True:
...     print('我的行缩进空格数相同')
... else:
...     print('我的行缩进空格数相同')
...    print('我的行缩进空格数不同')
```

此外，当在交互式模式下输入复合语句时，必须在最后添加一个空行来标识结束。因为当代码过于复杂时，解释器将难以判断代码块在何处结束，而且以空行标识结束也便于程序开发人员进行查阅和理解。

### 2.1.6　标识符与关键字

标识符在机器语言中是被允许作为名字的有效字符串。Python 中的标识符主要用于变量、函数、类、模块、对象等的命名中。

Python 对标识符有如下规定。

（1）标识符可以由字母、数字和下画线（＿）组成。

（2）标识符不能以数字开头。以下画线开头的标识符具有特殊的意义，使用时需要注意以下规定。

① 以单下画线开头的标识符（如_foo）代表不能直接访问的类属性，需通过类提供的接口进行访问，且不能用 "from * import *" 导入。

② 以双下画线开头的标识符（如__foo）代表类的私有成员。

③ 以双下画线开头和结尾的标识符（如__foo__）是 Python 特殊方法专用的标识符，如__init__代表类的构造方法。

（3）标识符字母区分大小写，如 Abc 与 abc 是两个不同的标识符。

（4）禁止使用 Python 中的关键字作为标识符。当需要查看某字符串是否为关键字时，可以使用 iskeyword 函数，使用 kwlist 函数可以查看所有关键字，如代码 2-10 所示。

代码 2-10　查看关键字

```
>>> import keyword
>>> print(keyword.iskeyword('and'))  # 查看 and 是否为关键字
True
>>> print(keyword.kwlist)  # 查看 Python 中的所有关键字
['False','None','True','and','as','assert','break','class','continue','def'
,'del','elif','else','except','finally','for','from','global','if','import'
,'in','is','lambda','nonlocal','not','or','pass','raise','return','try',
'while','with','yield']
```

## 2.1.7　调试 Python 代码

进入编程学习前，先来看一个关于程序员的小笑话："诸葛亮是一名优秀的程序员，他手中的每一个锦囊都是应对不同 case 而编写的。但是再优秀的程序员也可能敌不过更优秀的 bug，于是鞠躬尽瘁，死而后已的诸葛亮只因为一个 bug——马谡，使得整个结构被 break 了！" 这个笑话体现出 "千里之堤，溃于蚁穴" 绝非虚言，一个小小的 bug 就可能让整个程序运行失败。因此，在编写代码的时候需要保持细致严谨的态度，以实现高质量的代码开发。

程序一次性编写完并能正确运行的概率非常小，一般需要修正各种各样的 bug。有的bug 修正起来很简单，只需查看一下错误信息就知道如何修正；而有的 bug 修正起来很复杂，修正时需要判断出错时哪些变量的值是正确的，哪些变量的值是错误的。因此，开发人员需要有一整套调试程序的手段来修复 bug。

程序调试就是在将编写好的程序投入实际运行前，用手动或编译程序等方法对其进行测试，进而修正其语法错误和逻辑错误的过程。这是保证计算机信息系统正确性的必不可少的步骤。编写好的计算机程序必须在计算机中进行测试，然后根据测试时所发现的错误进行进一步诊断，找出出错的原因和具体的位置并进行修正。

Python 代码可以通过使用 pdb（Python 自带的包）、Python IDE（如 PyCharm）、日志功能等进行调试。接下来介绍一些语法错误示例，如代码 2-11 所示。

### 代码 2-11　语法错误示例

```
>>> print 'Hello, World!'  # 缺少括号
SyntaxError: Missing parentheses in call to 'print'. Did you mean print(...)?
>>> print（'Hello, World!'）  # 引号为中文引号
SyntaxError: invalid character ' '' (U+2018)
>>> print（'Hello, World!'）  # 括号为中文括号
SyntaxError: invalid character '（' (U+FF08)
```

代码 2-11 中的错误都是语法错误，第一行代码在 Python 2 中是能正确运行的，但是在 Python 3 中并不能正确运行；后面的两行代码的错误是由于使用了中文格式的符号，在编写代码时，一般使用英文输入法。当然，这只是简单地通过输出查看错误的方法，还有很多其他调试代码的方法，读者可以参考其他相关内容进行了解。

## 2.2　创建变量并提取里面的数值

Python 的基础变量主要有字符型和数值型两种，其中数值型变量又可分为整型（int型）、浮点型（float 型）、布尔型（bool 型）、复型（complex 型）。在创建变量时不需要声明数据类型，Python 能够自动识别数据类型。

### 2.2.1　Python 变量

在 Python 中，变量不需要提前声明，创建时直接对其赋值即可，变量类型由赋给变量的值决定。值得注意的是，一旦创建了一个变量，就需要给对应变量赋值。

有一种"通俗"的说法是，变量好比一个"标签"，指向内存空间的一个特定的地址。创建变量时，系统会自动在机器的内存中给对应变量分配一块内存，用于存放变量值，如图 2-1 所示。

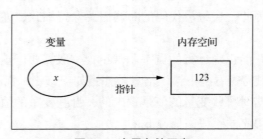

图 2-1　变量存储示意

通过 id 函数可以查看变量创建和变量重新赋值时内存空间的变化过程，如代码 2-12 所示。

代码 2-12　内存空间的变化

```
>>> x = 4
>>> print(id(x))  # 查看变量 x 指向的内存地址
8791167088512
>>> y = x  # 将变量 x 的值重新赋给另一个新变量 y
>>> print(id(y))
8791167088512
>>> x = 2  # 对变量 x 重新赋值
>>> print(x, y)  # 同时输出变量 x 和变量 y 的值
(2, 4)
>>> print(id(x))
8791167088448
>>> print(id(y))
8791167088512
```

从代码 2-12 中可以直观地看出，一个变量在初次赋值时将会获得一块内存空间用来存储变量值。当令变量 y 等于变量 x 时，其实是内存地址的传递，变量 y 获得的是存储变量 x 值的内存地址，所以当变量 x 的值发生改变时，变量 y 的值和其内存地址都不会发生改变。此外，还可以看出，当变量 x 的值发生改变时，系统会重新分配一块内存空间来存放新的变量值。

要创建一个变量，首先需要一个变量名和变量值，然后通过赋值语句将变量值赋给变量。

### 1. 变量名

变量的命名必须严格遵守标识符的规则，Python 中有一类非关键字的特殊字符串（如内置函数名），这些字符串具有某种特殊功能，虽然将其用作变量名时不会出错，但会造成相应的功能丧失。例如，len 函数可以用于返回字符串长度，但是一旦将 len 作为变量名，就会失去返回字符串长度的功能。因此，在给变量命名时，不仅要避免使用 Python 中的关键字，还要避免使用具有特殊功能的非关键字，以免发生错误，如代码 2-13 所示。

代码 2-13　变量名注意事项

```
>>> import keyword  # 导入 keyword 库
>>> keyword.iskeyword('and')  # 判断 and 是否为关键字
True
>>> and = '我是关键字'  # 以关键字作为变量名出错
SyntaxError: invalid syntax
```

```
>>> strExample = '我是一个字符串'  # 创建一个字符串变量
>>> print(len(strExample))  # 使用 len() 函数查看字符串长度
7
>>> len = '特殊字符串命名'  # 使用 len 作为变量名
>>> print(len)
特殊字符串命名
>>> print(len(strExample))  # len() 函数查看字符串长度出错
TypeError: 'str' object is not callable
```

如果在一段代码中有大量变量名，而且这些变量名没有错误，但是其命名随意、风格不一，那么程序开发人员在解读代码时可能会出现一些混淆。接下来介绍 3 种命名法。

（1）大驼峰

该方法中，所有单词的首字母都是大写，如"MyName""YourFamily"等。

大驼峰（Upper Camel Case）命名法一般用于类的命名。

（2）小驼峰

该方法中，第一个单词的首字母为小写字母，其余单词的首字母都采用大写字母，如"myName""yourFamily"等。

小驼峰（Lower Camel Case）命名法多用于函数和变量的命名。

（3）下画线分隔

该方法中，第一个单词的首字母用小写字母，第一个单词与后面的单词用下画线分隔，后面单词的首字母为大写字母，如"my_Name""your_Family"等。

具体使用哪种方法对变量进行命名，并没有统一的规定，重要的是一旦选择了一种命名法，在后续的程序编写过程中一定要保持风格一致。

### 2. 变量值

变量值就是赋给变量的数据，Python 中有 6 个标准的数据类型，分别为数字（number）、字符串（string）、列表（list）、元组（tuple）、字典（dictionary）、集合（set）。其中，列表、元组、字典、集合属于复合数据类型。

### 3. 变量赋值

最简单的变量赋值就是把一个变量值赋给一个变量，只需要用等号即可实现。变量赋值后，可以使用 type 函数查看变量的数据类型。

同时，Python 还可以将一个值同时赋给多个变量，如代码 2-14 所示。

代码 2-14　将一个值同时赋给多个变量

```
>>> a = b = c = 1  # 将一个值同时赋给多个变量
>>> print(a)
1
>>> print(b)
```

```
1
>>> print(c)
1
>>> print(type(c))
<class 'int'>
```

代码 2-14 展示了将数字 1 同时赋给变量 *a*、*b*、*c* 的方法。如果需要将数字 1、2 和字符串'abc'分别赋值给变量 *a*、*b*、*c*，就需要使用逗号隔开，如代码 2-15 所示。

**代码 2-15  将多个值分别赋给多个变量**

```
>>> a, b, c = 1, 2, 'abc'  # 将多个值分别赋给多个变量
>>> print(a)
1
>>> print(b)
2
>>> print(c)
'abc'
```

### 2.2.2  数值型变量的相互转换

Python 3 支持的数值型数据类型有整型、浮点型、布尔型、复型，Python 3 中的 int 表示长整型，没有了 Python 2 中的 long，如表 2-1 所示。

**表 2-1  数值型数据类型**

| 数据类型 | 中文解释 | 示    例 |
| --- | --- | --- |
| int | 整型 | 10、100、1000 |
| float | 浮点型 | 1.0、0.11、1e-12 |
| bool | 布尔型 | True、False |
| complex | 复型 | 1+1j、0.123j、1+0j |

整型指 int 型，浮点型指既有整数部分又有小数部分的 float 型，这些都是比较容易理解的。布尔型只有 True（真）和 False（假）两种取值，True 可以等价为数值 1，False 可以等价为数值 0，并且可以直接使用布尔值进行数学运算。复型数据由实数部分和虚数部分构成，其在 Python 中的结构形式如 real+imag（J/j 作为后缀），实数和虚数部分都是浮点数。

在 Python 中可以实现数值型变量的相互转换，可使用的内置函数有 int、float、bool、complex。int 函数类型转换如代码 2-16 所示。

**代码 2-16  int 函数类型转换**

```
>>> print(int(1.56)); print(int(0.156)); print(int(-1.56)); print(int()) # 浮
点型转整型
```

```
1
0
-1
0
>>> print(int(True)); print(int(False))   # 布尔型转整型
1
0
>>> print(int(1+23j))   # 复型转整型
TypeError: int() argument must be a string, a bytes-like object or a real number,
not 'complex'
```

代码 2-16 所示的结果都很简单。由浮点型转整型的运行结果可知，在将浮点数转换成整数的过程中，只是简单地将小数部分剔除，保留整数部分，int()函数的参数为空时的结果为 0；由布尔型转整型时，布尔值 True 被转换成整数 1，False 被转换成整数 0；复型无法转换为整型。

bool 函数类型转换如代码 2-17 所示。

代码 2-17　bool 函数类型转换

```
>>> print(bool(1)); print(bool(2)); print(bool(0))   # 整型转布尔型
True
True
False
>>> print(bool(1.0)); print(bool(2.3)); print(bool(0.0))   # 浮点型转布尔型
True
True
False
>>> print(bool(1+23j)); print(bool(23j))   # 复型转布尔型
True
True
>>> print(bool()); print(bool('')); print(bool([]); \
...    print(bool(())); print(bool({}))   # 各种类型的空值转布尔型
False
False
False
False
False
```

从整型、浮点型、复型转布尔型的结果可以总结出一个规律：非 0 数值转布尔型，结果都为 True；数值 0 转布尔型，结果为 False。此外，用 bool 函数分别对空、空字符、空列表、空元组、空字典（或集合）进行转换时结果都为 False。如果是非空数据，那么结果是 True（除去数值为 0 的情况）。

### 2.2.3 字符型数据的创建与基本操作

相比于数值型数据，可以将字符型数据理解成一种文本，它的应用更加广泛。

#### 1. 标识字符串

Python 提供了标识字符串的 3 种方式，分别是使用单引号（'）、双引号（"）和三引号（"""或"""）。

（1）单引号

使用单引号标识字符串的方法是将字符串用单引号包含。Python 标准库允许字符串中包含字母、数字和各种符号。Python 3 的默认编码为 UTF-8，这意味着在字符串中任意使用中文也不会出错，如代码 2-18 所示。

**代码 2-18　使用单引号标识字符串**

```
>>> print('科技是第一生产力')  # 使用单引号标识字符串
科技是第一生产力
```

（2）双引号

使用双引号标识字符串的方法与单引号的完全相同，如代码 2-19 所示。需要注意的是，单引号和双引号不能混用。

**代码 2-19　使用双引号标识字符串**

```
>>> print("创新是第一动力")  # 使用双引号标识字符串
创新是第一动力
```

（3）三引号

三引号相比单引号或双引号，有一个比较特殊的功能，它能够标识一个多行字符串，且字符串的换行、缩进等格式都会被原封不动地保留。三引号是格式化记录一段话的好帮手，如代码 2-20 所示，但要注意前后引号形式要保持一致，不能混用。

**代码 2-20　使用三引号标识字符串**

```
>>> paragraph = '''
... 质量强国
... 网络强国
... 数字中国'''  # 3 个单引号标识的一个字符串
>>> print(paragraph)

质量强国
```

网络强国
数字中国

代码 2-20 展示了 3 个单引号标识的一个字符串，通过 print 函数输出结果，可以清楚地看到句子的换行和段落缩进等细节都保持了原状。另外，3 个双引号的用法与 3 个单引号的用法一样，读者可以自行实践。

### 2. 字符转义

当使用单引号标识一个字符串时，如果该字符串中含有一个单引号，如 "What's happened"，那么 Python 将不能识别这个字符串从何处开始，又在何处结束。此时需要用到转义符，即前文提到的反斜线，使单引号只作为纯粹的单引号，不具备任何其他作用，如代码 2-21 所示。

#### 代码 2-21　单引号转义

```
>>> print('What's happened')  # 单引号标识的字符串中含有单引号
SyntaxError: unterminated string literal (detected at line 1)
>>> print('What\'s happened')  # 反斜线转义单引号
What's happened
```

比较特殊的是，用双引号标识一个包含单引号的字符串时不需要使用转义符，但是如果其中包含一个双引号，就需要进行转义。另外，反斜线可以用于转义其本身，如代码 2-22 所示。

#### 代码 2-22　双引号与反斜线转义

```
>>> print("What's happened")  # 双引号标识含有单引号的字符串
What's happened
>>> print("Double quotes(\")")  # 双引号标识的字符串中含有双引号
Double quotes(")
>>> print('Backslash(\\)')  # 转义反斜线
Backslash(\)
```

此外，在 Python 中还可以通过给字符串加上前缀 r 或 R 来指定原始字符串，如代码 2-23 所示。

#### 代码 2-23　指定原始字符串

```
>>> print('D:\name\python')  # 含反斜线的特殊字符串
D:
ame\python
>>> print(r'D:\name\python')  # 用 r 或 R 指定原始字符串
D:\name\python
```

### 3．字符串索引

Python 对字符串的操作比较灵活，包括提取指定位置的字符、字符串切片和字符串拼接等操作，但在介绍字符串操作之前，读者需要先掌握字符串索引的概念。

字符串索引分为正索引和负索引，通常说的索引是指正索引。在 Python 中，索引是从 0 开始的，也就是第一个字符的索引是 0，第二个字符的索引是 1，以此类推，如图 2-2 所示。很明显，正索引是从左到右标识字符的；负索引是从右到左标识字符的，然后加上一个负号（–）。负索引的第一个值是-1，而不是 0，因为如果负索引的第一个值是 0，那么将会导致索引 0 指向两个值，这种情况是不允许的。

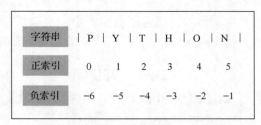

图 2-2　字符串索引

### 4．字符串基本操作

下面介绍提取指定位置的字符、字符串切片、字符串拼接、字符串格式化等操作。

（1）提取指定位置的字符

在 Python 中，只需要在变量后面使用方括号将需要提取的字符的索引括起来，即可提取指定位置的字符，如代码 2-24 所示。

代码 2-24　提取指定位置的字符

```
>>> word = 'Python'
>>> print(word[1])  # 提取第二个字符
'y'
>>> print(word[0])  # 提取第一个字符
'P'
>>> print(word[-1])  # 提取最后一个字符
'n'
```

（2）字符串切片

字符串切片就是截取字符串的片段，形成子字符串。字符串切片的方式形如 s[i:j]，s 表示字符串，i 表示截取字符串的起始索引，j 表示结束索引。需要注意的是，在截取结果中包含起始字符，但不包含结束字符，[i:j]是一个前闭后开的区间。

Python 在字符串切片的功能上有很好的默认设置。若省略第 1 个索引，则第 1 个索引默认为 0；若省略第 2 个索引，则第 2 个索引默认为切片字符串的实际长度，如代码 2-25 所示。

代码 2-25　字符串切片

```
>>> print(word[0:3])  # 截取第 1～3 个字符
'Pyt'
>>> print(word[:3])  # 截取第 1～3 个字符
'Pyt'
>>> print(word[4:])  # 截取第 5 到最后一个字符
'on'
```

　　对于没有意义的切片索引，Python 还可以进行如下处理：当第 2 个索引越界时，将返回从开始索引到字符串实际结束位置的子串；当第 1 个索引大于字符串实际长度时，将返回空字符串；当第 1 个索引为负数时，将返回空字符串；当第 1 个索引值大于第 2 个索引值时，也将返回空字符串，如代码 2-26 所示。

代码 2-26　索引越界

```
>>> print(word[3:52])  # 第 2 个索引越界
'hon'
>>> print(word[52:])   # 第 1 个索引大于字符串长度
''
>>> print(word[-1:3])  # 第 1 个索引为负数，第 2 个索引正常
''
>>> print(word[5:3])   # 第 1 个索引值大于第 2 个索引值
''
```

　　在 Python 中，字符串是不可修改的。因此，如果试图给指定位置的字符重新赋值，那么运行将会出错，如代码 2-27 所示。

代码 2-27　字符串不可修改

```
>>> word[0] = 'p'  # 字符串不可修改
TypeError: 'str' object does not support item assignment
```

　　（3）字符串拼接

　　如果要修改字符串，那么较好的办法是重新创建一个字符串。如果只需要改变其中的少部分字符，那么可以使用字符串拼接方法。

　　当进行字符串拼接时，可以使用加号（+）将两个字符串拼接起来，星号（*）表示重复。另外，相邻的两个字符串是会自动拼接在一起的，如代码 2-28 所示。

代码 2-28　字符串拼接（1）

```
>>> print('Python is' + 3 * ' good')  # 加号拼接字符串
'Python is good good good '
>>> print('踔厉奋发' ' 勇毅前行')  # 相邻字符串自动拼接
'踔厉奋发 勇毅前行'
```

将字符串"加快建设制造强国"修改为"加快建设质量强国",如代码 2-29 所示。

代码 2-29 字符串拼接（2）

```
>>> sentence = '加快建设制造强国'
>>> print(sentence[:4] + '质量强国')
加快建设质量强国
```

（4）字符串格式化

在 Python 中可以使用%、format()方法、f-string 等方式将指定的字符串转换为特定的格式。常用格式化符号如表 2-2 所示。

表 2-2 常用格式化符号

| 格式化符号 | 描 述 |
| --- | --- |
| %c | 将数据格式化为字符 |
| %s | 将数据格式化为字符串 |
| %d | 将数据格式化为整数 |
| %f | 将数据格式化为浮点数，可指定小数点后的精度，默认保留 6 位小数 |

使用%进行字符串格式化如代码 2-30 所示。

代码 2-30 使用%进行字符串格式化

```
>>> year = 2022
>>> print("年份：%d" % year)
年份：2022
>>> Science = '科技成果登记数'
>>> quantity = 84324
>>> print("%d 年,中国%s 为%d 项。" % (year,Science,quantity))
2022 年,中国科技成果登记数为 84324 项。
```

相对于%,format()方法可以更直观地对字符串进行格式化。format()方法的基本语法如下。

```
str.format(value)
```

其中，str 为需要格式化的字符串，字符串中可包含多个真实数据的占位符{}；value 为需要替换的真实数据，多个真实数据之间使用逗号分隔。

使用 format()方法进行字符串格式化如代码 2-31 所示。

代码 2-31 使用 format()方法进行字符串格式化

```
>>> year = 2022
>>> product = '主要农产品产量'
>>> quantity = 68652.8
>>> string = "{}年,中国{}为{}万吨。"
```

```
>>> print(string.format(year,product,quantity))
```
2022 年,中国主要农产品产量为 68652.8 万吨。

此外，还可以通过 f-string 的方式，在字符串中使用{变量名}标识需要替换的真实数据及其位置。使用 f-string 进行字符串格式化如代码 2-32 所示。

**代码 2-32　使用 f-string 进行字符串格式化**

```
>>> print(f"{year}年,中国{product}为{quantity}万吨。")
```
2022 年,中国主要农产品产量为 68652.8 万吨。

**知识拓展**

　　字符串是 Python 中常用的数据类型之一，除了 2.2.3 小节介绍的基本操作之外，Python 还提供了许多可用的函数与方法辅助对字符串的操作。如需了解更多的字符串数据操作方法，可以借助 AIGC 工具进行学习。例如，使用某 AIGC 工具生成字符串数据的常用函数/方法及其说明以辅助学习，生成命令如下。

Python 字符串数据的常用函数/方法及其说明

　　基于生成命令得到的内容如图 2-3 所示。

在Python中，字符串（str）是用于表示文本数据的基本数据类型。以下是一些常用的字符串函数和方法，以及它们的说明：

1. str.capitalize()
   - 说明：将字符串的第一个字符大写，其他字符小写。
   - 示例："hello world".capitalize() 返回 "Hello world"。
2. str.casefold()
   - 说明：将字符串转换为一种等价于小写的表示形式，目的是为了比较时忽略大小写。
   - 示例："Hello World".casefold() 返回 "hello world"。
3. str.center(width, fillchar=' ')
   - 说明：返回一个原字符串居中，总宽度为 width 的字符串。如果宽度大于字符串长度，则用 fillchar 填充。
   - 示例："hello".center(10, '*') 返回 "**hello***"。
4. str.count(sub, start=0, end=len(string))
   - 说明：返回子字符串 sub 在字符串中出现的次数，可指定搜索范围。
   - 示例："hello world".count('l') 返回 3。

图 2-3　使用某 AIGC 工具生成 Python 字符串数据的常用函数/方法及其说明

## 【任务 2-1】提取账单中的单价信息

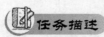**任务描述**

　　小华每天都会去水果店购买新鲜水果作为家人的日常零食。今天，他发现苹果特价，决定买一些苹果回家，但在付款前，他想先计算一下购买苹果的总花费。为了方便计算，

他需要获取苹果的单价。苹果单价信息的字符串变量为 "Apple's unit price is 9 yuan.",需要把苹果的单价信息提取出来,并将其转换成 int 型数据。

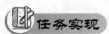

根据任务描述,本任务的具体实现步骤如下。

(1)定义字符串变量 applePriceStr,存放 "Apple's unit price is 9 yuan."字符串。由于字符串中含有单引号,因此需要使用反斜线对其进行转义,参考代码如任务实现 2-1 所示。

【任务 2-1】提取账单中单价信息

### 任务实现 2-1　单引号转义

```
>>> applePriceStr = 'Apple\'s unit price is 9 yuan.'
```

(2)使用方括号提取字符串中指定位置的字符,参考代码如任务实现 2-2 所示。

### 任务实现 2-2　提取数值

```
>>> applePrice = applePriceStr[22]   # 提取数值
```

(3)查看提取的苹果单价,并使用 type 函数查看其数据类型,参考代码如任务实现 2-3 所示。

### 任务实现 2-3　查看提取的单价及其数据类型

```
>>> print(f"提取的苹果单价为{applePrice}元,"
      f"此刻它的数据类型为{type(applePrice)}")
提取的苹果单价为 9 元,此刻它的数据类型为<class 'str'>
```

(4)使用 int 函数将字符串型的数据转换为整型,参考代码如任务实现 2-4 所示。

### 任务实现 2-4　转换数据类型

```
>>> applePrice = int(applePrice)   # 转换为整型
```

(5)查看转换后的数据类型,参考代码如任务实现 2-5 所示。

### 任务实现 2-5　查看转换后的数据类型

```
>>> print('转换后的数据类型: ', type(applePrice))
转换后的数据类型: <class 'int'>
```

小华需要计算购买苹果的总花费,他首先从描述中提取出苹果的单价为 9 元,然后即可根据单价和购买数量计算总花费。

## 2.3　Python 的运算符

运算符是编程语言的核心,可以用于执行从简单的算术运算到复杂的逻辑判断等多种操作。Python 提供了丰富的运算符,使得编程变得更加直观和高效。

### 2.3.1　常用操作运算符

Python 提供了一系列便利的基础运算符，可用于数据分析、研究。可满足基本运算需求的运算符主要有算术运算符、比较运算符、赋值运算符、按位运算符、逻辑运算符、成员运算符、身份运算符。

#### 1.　算术运算符

算术运算符是用于对操作数进行运算的一系列特殊符号，能够满足一般的运算需求。在 Python 3 中，常用算术运算符如表 2-3 所示。

表 2-3　常用算术运算符

| 运 算 符 | 描　　述 | 示　　例 |
| --- | --- | --- |
| + | 加，即两个操作数相加 | 10+20 的输出结果为 30 |
| – | 减，即得到负数或是用一个数减去另一个数 | 20-10 的输出结果为 10 |
| * | 乘，即两个数相乘或是返回一个被重复若干次的字符串 | 10*20 的输出结果为 200 |
| / | 除，x/y 即 x 除以 y | 20/10 的输出结果为 2.0 |
| % | 取模，即返回除法运算中的余数 | 23%10 的输出结果为 3 |
| ** | 幂，x**y 即返回 x 的 y 次幂 | 2**3 的输出结果为 8 |
| // | 取整除，即返回商的整数部分 | 23//10 的输出结果为 2 |

在进行除法运算时，不管商为整数还是浮点数，输出结果始终为浮点数。如果希望得到整型的商，那么需要用到双正斜线（//）。对于其他运算，只要任一操作数为浮点数，输出结果就是浮点数。算术运算符的应用示例如代码 2-33 所示。

代码 2-33　算术运算符的应用示例

```
>>> print(2 / 1); print(type(2 / 1))  # 正斜线除法
2.0
<class 'float'>
>>> print(2 // 1); print(type(2 // 1))  # 双正斜线除法
2
<class 'int'>
>>> print(1 + 2, 'and', 1.0 + 2); print(1 * 2, 'and', 1.0 * 2)  # 加法和乘法
3 and 3.0
2 and 2.0
>>> print('23 除以 10，商为', 23 // 10, '，余数为', 23 % 10)  # 商和余数
23 除以 10，商为 2 ，余数为 3
>>> print(3 * 'Python')  # 字符串的若干次重复
'PythonPythonPython'
```

## 2. 比较运算符

比较运算符一般用于数值的比较，也可用于字符的比较，常用比较运算符如表 2-4 所示。

表 2-4　常用比较运算符

| 运　算　符 | 描　　　述 | 示　　　例 |
|---|---|---|
| == | 等于，即比较对象是否相等 | (1==2)返回 False |
| != | 不等于，即比较两个对象是否不相等 | (1!=2)返回 True |
| > | 大于，x > y 即返回 x 是否大于 y | (1>2)返回 False |
| < | 小于，x < y 即返回 x 是否小于 y | (1<2)返回 True |
| >= | 大于或等于，x >= y 即返回 x 是否大于或等于 y | (1>=2)返回 False |
| <= | 小于或等于，x <= y 即返回 x 是否小于或等于 y | (1<=2)返回 True |

当两个对象的比较结果为真时返回 True，否则返回 False。

在 Python 中，字符是符合 ASCII（American Standard Code for Information Interchange，美国信息交换标准代码）的，每个字符都有属于自己的编码，字符比较的本质是字符的 ASCII 值的比较。

Python 提供了以下两个可以进行字符与 ASCII 值转换的函数。

（1）ord 函数：将字符转换为对应的 ASCII 值。

（2）chr 函数：将 ASCII 值转换为对应的字符。

比较运算符的应用示例如代码 2-34 所示。

代码 2-34　比较运算符的应用示例

```
>>> print(1 == 2); print(1 != 2)  # 数值的比较
False
True
>>> print('a' == 'b', 'a' != 'b'); print('a' < 'b', 'a' > 'b')  # 字符的比较
False True
True False
>>> print(ord('a'), ord('b'))  # 查看字符对应的 ASCII 值
97 98
>>> print(chr(97), chr(98))  # 查看 ASCII 值对应的字符
a b
>>> print('# ' < '%')  # 符号的比较
True
```

### 3. 赋值运算符

赋值运算符用于变量的赋值和更新。从表 2-5 中可以看出，Python 中除了简单赋值运算符外，还有一类特殊的赋值运算符，如加法赋值运算符、减法赋值运算符等。除了简单赋值运算符外，其他赋值运算符都属于特殊赋值运算符。

表 2-5　常用赋值运算符

| 运　算　符 | 描　述 | 示　例 |
| --- | --- | --- |
| = | 简单赋值运算符 | c=a+b 表示将 a+b 的运算结果赋值给 c |
| += | 加法赋值运算符 | a+=b 相当于 a=a+b |
| -= | 减法赋值运算符 | a-=b 相当于 a=a-b |
| *= | 乘法赋值运算符 | a*=b 相当于 a=a*b |
| /= | 除法赋值运算符 | a/=b 相当于 a=a/b |
| %= | 取模赋值运算符 | a%=b 相当于 a=a%b |
| **= | 幂赋值运算符 | a**=b 相当于 a=a**b |
| //= | 取整除赋值运算符 | a//=b 相当于 a=a//b |

表 2-5 中的特殊赋值运算符也可以看作变量的快速更新。更新意味着变量已经存在，对于一个之前不存在的变量，则不能使用特殊赋值运算符。赋值运算符的应用示例如代码 2-35 所示。

代码 2-35　赋值运算符的应用示例

```
>>> a = 1 + 2; print(a)  # 简单赋值运算
3
>>> print('a: ', a); a += 4; print('a += 4 特殊赋值运算后，a:', a)  # 特殊赋值运算
a: 3
a += 4 特殊赋值运算后，a:  7
>>> f += 4  # 未定义变量不能进行特殊赋值运算
NameError: name 'f' is not defined
```

### 4. 按位运算符

通常情况下，我们使用的都是十进制数，按位运算符会自动将输入的十进制数转换为二进制数，再进行相应的运算。

常用按位运算符如表 2-6 所示。在示例中，a 为 60，b 为 13，它们对应的二进制数如下。

```
a = 00111100
b = 00001101
```

表 2-6　常用按位运算符

| 运　算　符 | 描　　　述 | 示　　　例 |
|---|---|---|
| & | 按位与运算符：参与运算的两个运算数的二进制数如果对应位都为 1，那么结果的对应位为 1，否则为 0 | a & b 输出结果 12，二进制值：00001100 |
| \| | 按位或运算符：只要参与运算的两个运算数的二进制数的对应位有一个为 1，结果的对应位就为 1 | a \| b 输出结果 61，二进制值：00111101 |
| ^ | 按位异或运算符：当两个参与运算的运算数的二进制数的对应位相异时，结果的对应位为 1 | a ^ b 输出结果 49，二进制值：00110001 |
| ~ | 按位取反运算符：对运算数的每个二进制位取反，即把 1 变为 0，把 0 变为 1 | ~a 输出结果 –61，二进制值：11000011 |
| << | 左移运算符：运算数的各二进制位全部左移若干位，由 "<<" 右边的数指定移动的位数，高位丢弃，低位补 0 | a << 2 输出结果 240，二进制值：11110000 |
| >> | 右移运算符：运算数的各二进制位全部右移若干位，由 ">>" 右边的数指定移动的位数，低位丢弃，高位补 0 | a >> 2 输出结果 15，二进制值：00001111 |

　　按位运算符用于对二进制数进行运算，其中比较难理解的是按位取反运算，本书后面会详细讲解相关知识。按位运算符的应用示例如代码 2-36 所示。

代码 2-36　按位运算符的应用示例

```
>>> a = 60; b = 13; print('a = 60, b = 13')  # 初始赋值
a = 60, b = 13
# 按位与、按位或、按位异或运算
>>> print('a & b =', a & b)
a & b = 12
>>> print('a | b =', a | b)
a | b = 61
>>> print('a ^ b =', a ^ b)
a ^ b = 49
# 按位取反和位移运算
>>> print('~a =', ~a)
~a = -61
>>> print('a << 2 =', a << 2)
a << 2 = 240
>>> print('a >> 2 =', a >> 2)
a >> 2 = 15
```

这里以按位与和按位取反运算为例，讲解具体的计算过程。

（1）按位与运算

按位与运算：参与运算的两个运算数的二进制数如果对应位都为 1，则结果的对应位为 1，否则为 0。

如下述代码所示，a 和 b 从右往左的第 3、4 位都为 1，其余位都没有同时为 1，故对 a 和 b 做按位与运算的结果在从右往左第 3、4 位为 1，其余位都为 0。

```
a = 0011 1100

b = 0000 1101

a & b = 0000 1100
```

（2）按位取反运算

按位取反涉及补码的计算，相对复杂。

十进制数的二进制原码包括符号位和二进制值。以 60 为例，其二进制原码为 "0011 1100"，从左往右第 1 位为符号位，其中，0 代表正数，1 代表负数。

对于正数来说，其补码与二进制原码相同；对于负数来说，其补码为二进制原码符号位保持不变，其余各位取反后再在最后一位加 1。

**例 2-1** 对 60 进行取反。

① 取 60 的二进制原码：0011 1100。

② 取补码：0011 1100。

③ 每一位取反：1100 0011，得到最终结果的补码（负数）。

④ 取补码：1011 1101，得到最终结果的原码。

⑤ 转换为十进制数：−61。所以 60 取反后为−61。

**例 2-2** 对−61 进行取反。

① 取−61 的二进制原码：1011 1101。

② 取补码：1100 0011。

③ 每一位取反：0011 1100，得到最终结果的补码（正数）。

④ 取补码：0011 1100，得到最终结果的原码。

⑤ 转换为十进制数：60。所以−61 取反后为 60。

例 2-1 和例 2-2 很好地展示了正数和负数的按位取反操作，可以总结为以下 5 个步骤。

① 取十进制数的二进制原码。

② 对原码取补码。

③ 补码取反（得到最终结果的补码）。

④ 对取反结果再取补码（得到最终结果的原码）。

⑤ 将二进制原码转换为十进制数。

**5. 逻辑运算符**

逻辑运算符包括 and、or、not，具体用法如表 2-7 所示，示例中 a 为 11，b 为 22。

表 2-7　逻辑运算符

| 运　算　符 | 逻辑表达式 | 描　　述 | 示　　例 |
|---|---|---|---|
| and | x and y | 布尔"与"，若 x 为 False，则返回 x；否则返回 y | a and b，返回 22 |
| or | x or y | 布尔"或"，若 x 为 True，则返回 x；否则返回 y | a or b，返回 11 |
| not | not (x) | 布尔"非"，若 x 为 True，则返回 False；若 x 为 False，则返回 True | not(a and b)，返回 False |

逻辑运算符的应用示例如代码 2-37 所示。

代码 2-37　逻辑运算符的应用示例

```
>>> a = 11; b = 22; print('a = 11, b =22')  # 初始赋值
a = 11, b =22
# and、or、not 运算
>>> print('a and b =', a and b)
a and b = 22
>>> print('a or b =', a or b)
a or b = 11
>>> print('not(a and b) =', not(a and b))
not(a and b) = False
>>> a = 0; b = 22; print('a = 0, b = 22')  # 重新赋值
a = 0, b = 22
# and、or、not 运算
>>> print('a and b =', a and b)
a and b = 0
>>> print('a or b =', a or b)
a or b = 22
>>> print('not(a and b) =', not(a and b))
not(a and b) = True
```

当按位运算符和逻辑运算符用于布尔值运算时，按位&和逻辑 and 的运算效果一样，当运算符左右两个值都为 True 时，返回 True，否则返回 False；按位|和逻辑 or 的运算效果一样，当运算符左右两个值中有一个值为 True 时，返回 True，否则返回 False，如代码 2-38 所示。

代码 2-38　布尔值运算

```
>>> print(True & True); print(True and True)  # 按位&、逻辑 and
True
True
```

```
>>> print(True | False); print(True or False)  # 按位|、逻辑 or
True
True
>>> print(True & False); print(True and False)
False
False
>>> print(False | False); print(False or False)
False
False
```

### 6. 成员运算符

成员运算符的作用是判断指定值是否存在于某一序列中，指定值包括字符串、列表或元组。成员运算符如表 2-8 所示。

表 2-8　成员运算符

| 运 算 符 | 描 述 | 示 例 |
| --- | --- | --- |
| in | 如果在某一序列中找到指定值，那么返回 True，否则返回 False | x in y 表示，若 x 在 y 序列中，则返回 True，否则返回 False |
| not in | 如果在某一序列中没有找到指定值，那么返回 True，否则返回 False | x not in y 表示，若 x 不在 y 序列中，则返回 True，否则返回 False |

在成员运算中，对成员的运算不仅包含对值的大小的判断，还包含对数据类型的判断。通过代码 2-39 可以看出，在 List 中，1 是数值，所以判断数值 1 是否属于 List 时，返回 True；但是判断[1]是否属于 List 时，返回 False，因为其数据类型不匹配。另外，判断[4,5]是否属于 List 时，返回 True，因为 List 中包含该值。

代码 2-39　成员运算符的应用示例

```
>>> List = [1, 2, 3.0, [4, 5], 'Python3']  # 初始化列表 List
>>> print(1 in List)  # 判断 1 是否属于 List
True
>>> print([1] in List)  # 判断[1]是否属于 List
False
>>> print(3 in List)  # 判断 3 是否属于 List
True
>>> print([4, 5] in List)  # 判断[4, 5]是否属于 List
True
>>> print('Python' in List)  # 判断字符串'Python'是否属于 List
False
```

```
>>> print('Python3' in List)  # 判断字符串'Python3'是否属于List
True
```

### 7. 身份运算符

身份运算符用于比较两个对象的内存地址，如表 2-9 所示。

表 2-9  身份运算符

| 运 算 符 | 描 述 | 示 例 |
|---|---|---|
| is | 用于判断两个标识符是否引用自一个对象 | x is y 表示，如果 id(x)等于 id(y)，则返回 True，否则返回 False |
| is not | 用于判断两个标识符是否引用自不同对象 | x is not y 表示，如果 id(x)不等于 id(y)，则返回 True，否则返回 False |

在身份运算中，当内存地址相同的两个对象进行 is 运算时，返回 True；当内存地址不同的两个对象进行 is not 运算时，返回 True。身份运算符的应用示例如代码 2-40 所示，当给 a、b 赋同样的值时，实质上是分配了同样的内存地址。

代码 2-40  身份运算符的应用示例

```
>>> a = 11; b = 11; print('a = 11, b = 11')  # 初始化a、b
a = 11, b = 11
>>> print(a is b); print(a is not b)  # 身份运算
True
False
>>> print(id(a)); print(id(b))  # 查看id地址
8791365400672
8791365400672
>>> a = 11; b = 22; print('a = 11, b = 22')  # 重新给b赋值
a = 11, b = 22
>>> print(a is b); print(a is not b)  # 身份运算
False
True
>>> print(id(a)); print(id(b))  # 查看id地址
8791365400672
8791365401024
```

### 2.3.2  运算符优先级

在 Python 的应用中，通常使用表达式的形式进行运算。表达式由运算符和操作数组成。例如，"1+2"就是一个表达式，其中"+"是运算符，"1"和"2"是操作数。

　　一个表达式往往不只包含一个运算符。当一个表达式包含多个运算符时，各运算符的优先级如表 2-10 所示（从上到下优先级依次降低），处于同一优先级的运算符则从左到右依次进行运算。

表 2-10　运算符优先级比较

| 运　算　符 | 描　　述 |
|---|---|
| ** | 幂运算符（最高优先级） |
| ~、+、- | 按位取反、正、负运算符 |
| *、/、%、// | 乘、除、取余、整除运算符 |
| +、- | 加、减运算符 |
| >>、<< | 右移、左移运算符 |
| & | 按位与运算符 |
| ^、\| | 按位异或、按位或运算符 |
| <=、<、>、>= | 比较运算符 |
| <>、==、!= | 比较运算符 |
| =、%=、/=、//=、-=、+=、*=、**= | 赋值运算符 |
| is、is not | 身份运算符 |
| in、not in | 成员运算符 |
| not、or、and | 逻辑运算符 |

　　表 2-10 第二行中的“+”“-”可以更简单地理解为数值前面用于标识数值正负属性的运算符。运算符优先级应用示例如代码 2-41 所示。

代码 2-41　运算符优先级应用示例

```
>>> print(24 + 12 / 6 ** 2 * 18)  # 24+12/36*18 → 24+(1/3)*18 → 24+6
30.0
>>> print(24 + 12 / ( 6 ** 2 ) * 18)  # 24+12/36*18 → 24+(1/3)*18 → 24+6
30.0
>>> print(24 + ( 12 / ( 6 ** 2 ) ) * 18)  # 24+(12/36)*18 → 24+(1/3)*18 → 24+6
30.0
>>> print(24 + ( 12 / 6 ) ** 2 * 18)  # 24+2**2*18 → 24+4*18 → 24+72
96.0
>>> print((24 + 12 ) / 6 ** 2 * 18)  # 36/6**2*18 → 36/36*18 → 1*18
18.0
>>> print(-4 * 5 + 3)  # -20+3
-17
```

```
>>> print(4 * -5 + 3)  # -20+3
-17
```

## 【任务 2-2】计算圆形的各参数

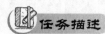 **任务描述**

【任务 2-2】计算圆形的各参数

  圆形是生活中常见的几何图形之一。为了更便捷地计算圆形的各参数，需要编写一个小程序，实现根据用户输入的圆的半径、周长或面积中的任意一个参数，计算出其他参数。

  圆形的基本计算公式如式（2-1）所示。

$$C = 2\pi r, \ S = \pi r^2 \tag{2-1}$$

  其中，$r$ 代表圆形的半径，$C$ 代表圆形的周长，$S$ 代表圆形的面积，$\pi$ 是圆周率。

  由式（2-1）可得式（2-2）。

$$r = \frac{C}{2\pi} = \sqrt{\frac{S}{\pi}} \tag{2-2}$$

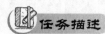 **任务实现**

  根据任务描述，本任务的具体实现步骤如下。

  （1）定义公式中的常量 $\pi$，这里取 3.14，参考代码如任务实现 2-6 所示。

### 任务实现 2-6　设置常量

```
>>> pi = 3.14  # 设置常量
```

  （2）输入圆形的半径，并通过表达式计算周长和面积，参考代码如任务实现 2-7 所示。

### 任务实现 2-7　计算周长和面积

```
>>> r = 3  # 输入圆形的半径
>>> C = 2 * pi * r  # 计算圆形的周长
>>> S = pi * r ** 2  # 计算圆形的面积
>>> print(f"半径为{r}的圆形,其周长等于{C};面积等于{S};")
半径为 3 的圆形,其周长等于 18.84;面积等于 28.26;
```

  （3）输入圆形的周长，并通过表达式计算半径和面积，参考代码如任务实现 2-8 所示。

### 任务实现 2-8　计算半径和面积

```
>>> C = 15.7  # 输入圆形的周长
>>> r = C / ( 2 * pi )  # 计算圆形的半径
>>> S = pi * r ** 2  # 计算圆形的面积
>>> print(f"周长为{str(C)}的圆形,其半径为{str(r)};面积等于{str(S)};")
周长为 15.7 的圆形,其半径为 2.5;面积等于 19.625;
```

  （4）输入圆形的面积，通过表达式计算半径和周长，并使用 round 函数指定保留小数的位数，参考代码如任务实现 2-9 所示。

**任务实现 2-9　计算半径和周长**

```
>>> S = 5  # 输入圆形的面积
>>> r = round(( S / pi ) ** 0.5 , 2)  # 计算圆形的半径，并保留两位小数
>>> C = round( 2 * pi * r , 2)  # 计算圆形的周长，并保留两位小数
>>> print(f"面积为{str(S)}的圆形,其半径为{str(r)};周长等于{str(C)};")
面积为 5 的圆形,其半径为 1.26;周长等于 7.91;
```

## 【任务 2-3】使用字符串索引计算 *n* 天后是星期几

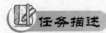任务描述

在一些国家的规定中，星期日通常被视为一周的第一天。这种习惯影响了处理日期的方式，包括在编程中使用字符串索引来计算 *n* 天后是星期几。将星期日作为起点，可以简化日期的算术运算，使得计算 *n* 天后是星期几变得更加直观。本任务要求编写一个程序，通过字符串索引计算 *n* 天后是星期几，星期数所对应的数值编号如表 2-11 所示。

表 2-11　星期数所对应的数值编号

| 编　号 | 星　期　数 | 编　号 | 星　期　数 |
| --- | --- | --- | --- |
| 0 | 星期日 | 4 | 星期四 |
| 1 | 星期一 | 5 | 星期五 |
| 2 | 星期二 | 6 | 星期六 |
| 3 | 星期三 |  |  |

任务实现

根据任务描述，本任务的具体实现步骤如下。

（1）格式化输出星期数所对应的数值编号，参考代码如任务实现 2-10 所示。

**任务实现 2-10　格式化输出星期数所对应的数值编号**

```
>>> # 格式化输出星期数所对应的数值编号
>>> Sun, Mon, Tues, Wed, Thurs, Fri, Sat = \
...     ' 0 星期日\n', '1 星期一\n', '2 星期二\n', \
...     '3 星期三\n', '4 星期四\n', '5 星期五\n', '6 星期六'
>>> print(Sun, Mon, Tues, Wed, Thurs, Fri, Sat)
 0 星期日
 1 星期一
 2 星期二
 3 星期三
```

4 星期四

5 星期五

6 星期六

（2）根据星期数所对应的数值编号，使用 input 函数输入今天所对应的数值编号，参考代码如任务实现 2-11 所示。

### 任务实现 2-11　输入今天所对应的数值编号

```
>>> # 输入今天所对应的数值编号
>>> today_num = input('今天是星期几？')
今天是星期几？>? 4
```

（3）定义字符串 weekdays，并通过字符串索引提取数值编号对应的星期数，参考代码如任务实现 2-12 所示。

### 任务实现 2-12　数值编号对应

```
>>> weekdays = '星期日星期一星期二星期三星期四星期五星期六'
>>> # 数值编号对应的星期数
>>> today_CN = weekdays[3 * int(today_num):3 * int(today_num) + 3]
```

（4）通过 input 函数输入经过的天数，参考代码如任务实现 2-13 所示。

### 任务实现 2-13　输入经过的天数

```
>>> days_num = input('经过多少天后？')
经过多少天后？>? 10
```

（5）通过算术表达式计算 n 天后是星期几，参考代码如任务实现 2-14 所示。

### 任务实现 2-14　计算 n 天后是星期几

```
>>> # 经过 n 天后对应的当天数值编号
>>> after_day_num = (int(today_num) + int(days_num)) % 7
>>> # 数值编号对应的当天星期数
>>> after_day_CN = weekdays[3 * int(after_day_num):3 * int(after_day_num) + 3]
>>> # 格式化输出
>>> print(f"今天是{today_CN}，经过{days_num }天后是{after_day_CN}。")
今天是星期四，经过 10 天后是星期日。
```

## 单元小结

本章首先介绍了 Python 的固定语法，主要涵盖编码声明、注释、多行语句、缩进、标识符与关键字 5 个方面；其次，还介绍了 Python 的基础变量，重点对数值型和字符型这两种 Python 数据类型进行了介绍；最后，介绍了 Python 的常用操作运算符，包括算术运算符、比较运算符、赋值运算符、按位运算符、逻辑运算符、成员运算符和身份运算符，以及运算符优先级。

## 单元实训　计算旅游预算并提取地点信息

### 1. 实训要点

（1）掌握字符串变量的创建和使用方法。

（2）掌握字符串索引和切片的使用方法。

（3）掌握数值型变量的创建和算术运算。

（4）掌握字符串格式化输出的方法。

（5）掌握简单的数值运算。

### 2. 需求说明

通过编写程序，实现旅游预算管理的基本操作，包括定义旅游地点、活动类型、预算等，并计算日均预算、剩余预算。

### 3. 实训思路及步骤

（1）定义字符串变量 location 和 activity，分别表示旅游地点和活动类型，如"北京"和"观光"。

（2）使用字符串索引，从 location 变量中提取出第二个字符作为城市简称，并存储在 city_initial 变量中。

（3）定义数值型变量 budget 和 days_until_trip，分别表示总预算和旅游天数。计算日均预算，并将其存储在 daily_budget 变量中。

（4）格式化输出旅游的基本信息，包括旅游地点、城市简称、总预算、旅游天数、日均预算等信息。

（5）定义变量 spending 和变量 remaining_budget，分别表示已消费金额、剩余预算。

（6）根据总预算和已消费金额花费计算剩余预算，并更新 budget 变量。

（7）输出购物花费和更新后的剩余预算。

## 单元测试

### 1. 选择题

（1）下列对多行注释描述正确的是（　　　）。

  A. 前后都使用单引号

  B. 前后都使用井号

  C. 前面使用单引号，后面使用双引号

  D. 前面使用双引号，后面使用单引号

（2）标识符可以用于变量、函数、对象等的命名，以下标识符使用正确的是（　　）。

  A. 100abc    B. data1    C. for       D. _@777

（3）在字符串变量 p = 'Python'中提取字符串'ho'，以下索引使用正确的是（　　）。

  A. p[3:5]    B. p[-2:-1]  C. p[4:6]     D. p[3,5]

（4）实现输出'hello, world! '，下列对字符串进行拼接有误的是（　　）。

  A. 'hello, ' + 'world! '       B. 'hello' + ', ' + 'world! '

  C. 'hello, ' + 'world' + '!'     D. 'hello, 'world! '

（5）下列关于赋值运算符的说法错误的是（　　）。

  A. a += b 等效于 a=a + b    B. 未定义的变量可以使用特殊赋值运算符

  C. 赋值运算符可用于变量的更新  D. 所有的赋值运算符都含有=

（6）下列不属于按位运算符的是（　　）。

  A. |       B. &     C. and      D. ^

（7）以下运算符优先级最高的是（　　）。

  A. *       B. >>     C. &      D. !=

（8）与关系表达式 z == 0 等价的表达式是（　　）。

  A. not z     B. z      C. z = 0     D. z != 1

（9）以下不合法的表达式是（　　）。

  A. x in [1, 3, 5, 7, 9]      B. b < 3 and 5 == a

  C. x + 2 > 3       D. 6 = c

（10）在直角坐标系中，$x$、$y$ 是坐标系中任意点的位置，用 $x$、$y$ 表示第一象限或第三象限的 Python 表达式为（　　）。

  A. x>0 or x<0 and y>0 or y<0   B. x>0 and y>0 or x<0 and y<0

  C. x>0 and y>0 or x>0 and y<0   D. x<0 and y>0 or x>0 and y<0

## 2. 操作题

（1）对 0～9 的偶数进行累加，并输入结果。

（2）计算表达式 3+5%6*2//8 的结果。

（3）利用 Python 算术运算符将 3 位数 279 反向输出。

（4）现有 5 个数 269、621、182、537、366，计算这 5 个数的平均值并判断平均值是否在区间(300,400]内。

（5）仅使用 Python 基本语法，即不使用任何模块，编写 Python 程序计算式（2-3）的结果并输出，结果保留小数点后 3 位。

$$x = \frac{3^4 + 5 \times 6^7}{8} \tag{2-3}$$

## 3. 实践题

（1）汇率换算是关于不同货币之间价值转换的金融活动。在国际贸易和金融交易中，汇率换算是一种十分常见的需求。用户可在特定提供的金融交易平台上通过输入金额和目标货币的汇率来进行汇率换算，并得到换算后的金额，这有助于国际贸易与外汇市场的蓬勃发展，具体实现步骤如下。

① 用户输入金额和目标货币的汇率。

② 进行汇率换算。

③ 输出换算后的金额。

（2）在编程实践中，进度条是一种常见的用户界面元素，常用于指示一个长时间运行的任务的完成进度。创建一个能够根据用户输入的进度值来进行更新的文本进度条，从而可以呈现出实际编程任务的完成情况，具体实现步骤如下。

① 用户输入进度值。

② 定义变量接收进度值并更新文本进度条。

# 单元 ❸ Python 数据结构

单元 2 介绍了 Python 的两种基础数据类型——数值型和字符型,要实现 Python 更复杂、更强大的功能,仅靠这两种数据类型是不够的,还需要数据结构的支撑。本单元将介绍 Python 的一些基本数据结构及其各自的特性和常用的基本操作等。

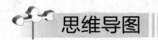

## 思维导图

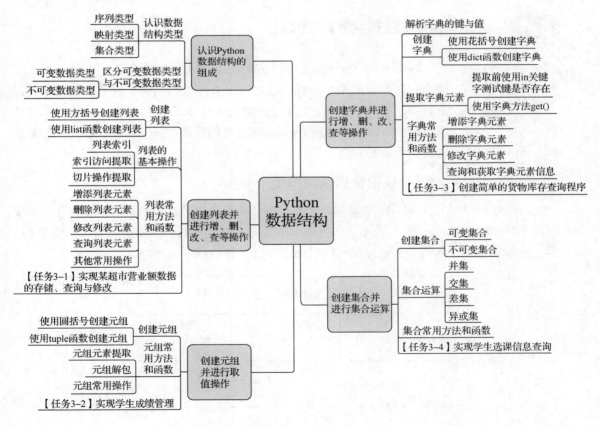

## 学习目标

(1)了解 Python 数据结构类型,并能区分可变数据类型与不可变数据类型。

(2)掌握列表的创建及增、删、改、查等常用操作。

（3）掌握元组与列表的区别。

（4）掌握元组的创建及取值操作。

（5）掌握字典的创建及增、删、改、查等常用操作。

（6）掌握集合的创建及集合运算方法。

## 素养目标

（1）通过使用不同的符号分别创建列表、元组、字典、集合，培养学生保持细致严谨的态度，追求精确性，避免因符号使用错误而导致出现问题。

（2）通过学习列表、元组、字典、集合的特性，实现能够根据实际情况选择最佳的数据结构，培养学生结构化思维和提高问题解决能力。

（3）通过使用列表、元组、字典、集合存储和管理数据，实现数据的有效管理，培养学生提高编程效率。

## 3.1 认识 Python 数据结构的组成

3.1 Python 数据结构

Python 有 4 个内建的数据结构，它们可以统称为容器（container），因为它们实际上是由一些"东西"组合而成的结构。这些"东西"可以是数字、字符、列表，或是它们的组合。在介绍各种数据结构的具体内容之前，本节将先介绍 Python 数据结构类型和区分可变数据类型与不可变数据类型的方法。

### 3.1.1 认识数据结构类型

Python 中的数据结构是根据某种方式将数据元素组合起来形成的数据元素集合，主要包含序列（如列表和元组）、映射（如字典）和集合 3 种基本的数据结构类型，如图 3-1 所示。Python 中几乎所有的数据结构都可以归结为这 3 种数据结构类型。

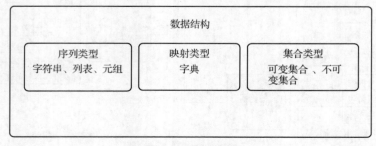

图 3-1 数据结构

### 1. 序列类型

序列是数据结构对象的有序排列，作为序列元素的数据结构对象都会被分配一个位置编号（也称为索引），序列相当于数学中的数列。序列类型数据结构包括字符串、列表、元组。在 Python 2 中，Unicode 字符串、buffer 对象、xrange 对象也被视为序列类型，但在 Python 3 中 buffer 对象已被移除，range 对象代替了 xrange 对象。

### 2. 映射类型

映射类型是存储对象与对象之间的映射关系的数据结构类型。Python 中唯一的映射类型数据结构是字典，字典中的每个元素都存在相应的名称（称为键）与之一一对应。字典相当于由带有各自名称的元素组成的集合。与序列类型数据结构不同的是，字典中的元素并没有排列顺序。

### 3. 集合类型

除了上述基本数据结构类型外，Python 还提供了集合类型数据结构。集合中的元素不能重复出现，即集合中的元素是唯一的，并且元素之间不存在排列顺序。由此可以看出，Python 中的集合概念相当于数学中的集合概念。集合类型包括可变集合与不可变集合数据结构。

## 3.1.2  区分可变数据类型与不可变数据类型

在 Python 中，还有两个比较重要的关于数据结构的概念，即可变数据类型与不可变数据类型。

### 1. 可变数据类型

通过可变数据类型，我们可以直接对数据结构对象的内容进行修改（并非重新对对象进行赋值操作），即可对数据结构对象进行元素的增添、删除或赋值修改等操作。因为可变数据类型对象能直接对自身进行修改，所以修改后的新结果仍与原对象引用同一个 id 地址。Python 中比较重要的可变数据类型包括列表、字典、可变集合等。

### 2. 不可变数据类型

与可变数据类型不同，不可变数据类型不能对数据结构对象的内容进行修改，即不可对对象中的元素进行增添、删除或赋值修改等操作。如果需要对对象进行内容修改，那么需要对其变量进行重新赋值，赋值操作会使变量指向一个新对象，新旧对象将引用两个不同的 id 地址。常用的不可变数据类型包括数字、字符串、元组、不可变集合等。

## 3.2  创建列表并进行增、删、改、查等操作

列表是 Python 对象作为其元素并按顺序排列构成的有序集合，列表中的每个元素都有各自的位置编号，称为索引。列表中的元素可以是各种类型的对象，无论是数字、字符串、元组、字典，还是列表对象，都可以作为列表中的一个元素。此外，列表中的元素可以重复出现。需要注意的是，列表是可变数据类型，因此可以对列表对象的内容进行修改，即可对列表对象中的元素进行增添、删除、修改、查询等操作。

### 3.2.1 创建列表

使用 Python 可以轻松地创建一个列表，只需将列表元素传入特定的格式或函数中即可。常用的创建列表的方法有两种，一种是使用方括号（[]）进行创建，另一种是使用 list 函数进行创建。

#### 1. 使用方括号创建列表

使用方括号创建列表时，只需要把所需的列表元素用逗号隔开，并用方括号将其括起来即可。当使用方括号而不传入任何元素时，创建的是一个空列表。Python 的列表中允许包含任意类型的对象，其中也包括列表对象，这说明可以创建嵌套列表。使用方括号创建列表的示例如代码 3-1 所示。

代码 3-1　使用方括号创建列表

```
>>> # 创建包含混合数据类型的嵌套列表
>>> mylist = [1, 2.0, ['three', 'four', 5], 6.5, True]
>>> print(mylist)  # 查看列表内容
[1, 2.0, ['three', 'four', 5], 6.5, True]
>>> empty_list = []  # 创建空列表
>>> print(empty_list)
[]
>>> mylist1 = [[1, 2, 3], [4, 5, 6], [7, 8, 9]]  # 创建二维列表
>>> print(mylist1)
[[1, 2, 3], [4, 5, 6], [7, 8, 9]]
```

#### 2. 使用 list 函数创建列表

在 Python 中，list 函数的作用实质上是将传入的数据结构对象转换成列表对象。例如，向 list()函数中传入一个元组对象，就会将对象从元组类型转换为列表类型。由于其返回的是一个列表对象，因此可以将其看作创建列表的一种方法。使用该函数时，可以用圆括号或方括号把元素按顺序括起来，元素之间以逗号隔开，并传入函数中。如果不传入任何对象到 list 函数中，那么将会创建一个空列表。使用 list 函数创建列表的示例如代码 3-2 所示。

代码 3-2　使用 list 函数创建列表

```
>>> # 向 list 函数传入一个对象
>>> mylist = list((1, 2.0, ['three', 'four', 5], 6.5, True))
>>> print(mylist)
[1, 2.0, ['three', 'four', 5], 6.5, True]
>>> print(type(mylist))  # 查看对象类型
<class 'list'>
```

```
>>> empty_list = list()  # 创建空列表
>>> print(empty_list)
[]
>>> mylist2 = list(['one', 'two', 'three'])  # 向 list 函数传入一个列表对象
>>> print(mylist2)
['one', 'two', 'three']
```

代码 3-2 中的 *mylist* 变量（用圆括号括起来的数据结构集合）是 3.3 节将要介绍的元组对象。

如果将字符串传入函数，那么 list 函数会将字符串中的每个字符作为一个列表元素，然后将这些元素放入一个列表，类似于字符串被"拆开"成一个个字符，如代码 3-3 所示。

**代码 3-3 将字符串传入 list 函数**

```
>>> print(list('hello world!'))  # 向 list 函数传入一个字符串
['h', 'e', 'l', 'l', 'o', ' ', 'w', 'o', 'r', 'l', 'd', '!']
```

### 3.2.2 列表的基本操作

常用的列表的基本操作如下。

#### 1. 列表索引

序列类型的数据结构都可以通过索引和切片操作对元素进行提取，字符串、列表和元组都属于序列类型，因此，对列表元素的提取方法与单元 2 介绍的对字符串元素的提取方法一样。列表的索引也是从 0 开始、以 1 为步长逐渐递增的，这种索引的定义方式或许与我们通常所理解的从 1 开始有所出入。建议读者可以尝试将索引理解为元素相对于第一个元素位置的偏移量。例如，第一个元素的位置偏移量是 0，故其索引为 0；第二个元素的位置偏移量是 1，故其索引为 1；其他元素以此类推。列表的负索引概念与字符串的一样，也是按从右到左的方向标识元素，最右边元素的负索引为–1，然后向左依次为–2、–3 等。

类似于字符串，列表元素的提取方法有两种，索引访问提取和切片操作提取。其中，索引访问提取仅返回一个索引对应的元素，切片操作提取会返回列表中对应的子列表。

#### 2. 索引访问提取

为了提取列表中的某个元素，可以在列表对象后面紧接方括号并在其中指定索引，这样即可提取出列表中指定索引对应的元素。列表的索引访问提取的具体格式为 sequence_name[index]，即列表对象[索引]。由于 Python 允许传入负索引来进行元素提取，因此可以很方便地从列表尾端提取元素。索引访问提取的示例如代码 3-4 所示。

**代码 3-4 索引访问提取**

```
>>> mylist3 = ['Sunday', 'Monday', 'Tuesday',
...          'Wednesday', 'Thursday', 'Friday']
```

```
>>> print(mylist3[1])   # 提取列表中第 2 个元素
'Monday'
>>> print(mylist3[-3])   # 提取列表中倒数第 3 个元素
'Wednesday'
```

注意，当传入的索引超出列表负索引或正索引范围时，即当传入的索引小于第 1 个元素的负索引或大于最后一个元素的正索引时，Python 将会返回一个错误，如代码 3-5 所示。

代码 3-5   索引错误示例

```
>>> print(mylist3[7])   # 传入的索引大于最后一个元素的正索引
IndexError: list index out of range
>>> print(mylist3[-10])   # 传入的索引小于第 1 个元素的负索引
IndexError: list index out of range
```

### 3. 切片操作提取

通常对列表进行处理时，除了需要提取其中某个元素外，还可能需要提取列表中的子列表，这就需要通过列表的切片操作来完成。在进行切片操作时，只需要传入要提取子列表的起始元素索引、终止元素索引，以及步长值，此时得到的列表切片将包含从起始元素开始，以步长值为间隔，到终止元素之前的所有元素。需要注意，切片操作在取到终止元素索引为止，但并不包含终止元素，相当于数学中的半开半闭区间。具体切片操作格式为 sequence_name[start:end:step]，即列表对象[起始元素索引:终止元素索引:步长值]。

在切片操作格式当中，省略步长值时，默认步长值为 1，此时格式中的第 2 个冒号可以省略。当步长值为正数时，表示切片从左往右提取元素，一般需要起始元素位置小于终止元素位置；若步长值为负数，则表示从右往左提取，此时起始元素位置应该大于终止元素位置。当步长值为 0 时将会报错，因为搜索元素时"一步都不迈出去"是毫无意义的。切片操作提取的示例如代码 3-6 所示。

代码 3-6   切片操作提取

```
>>> # 步长值为正数时的切片操作
>>> mylist4 = [10, 20, 30, 40, 50, 60, 70, 80, 90, 100]
>>> print(mylist4[2:7])   # 提取第 3～7 个元素
[30, 40, 50, 60, 70]
>>> print(mylist4[1:9:2])   # 提取第 2～9 个元素之间的元素，步长值为 2
[20, 40, 60, 80]
>>> # 步长值为负数时的切片操作
>>> print(mylist4[-2:-8:-2])   # 提取倒数第 2 个至倒数第 8 个元素之间的元素，步长值为 2
[90, 70, 50]
>>> print(mylist4[1:4:0])   # 步长值为 0 时将会报错
ValueError: slice step cannot be zero
```

　　除了步长值可以省略以外，还可以省略格式中的起始元素索引和终止元素索引，但第 1 个冒号必须存在。若只省略起始元素索引，切片操作会默认使用起始元素或终止元素的索引（0 或–1，视具体提取方向而定），即从列表开头或结尾开始提取元素；若只省略终止元素索引，切片操作会从起始元素索引开始，按提取方向搜索到列表一端的最后一个元素，这时切片操作会包含该端最后一个元素，类似于数学中的闭区间；若两者同时省略，切片操作就会从某端开始对全体元素进行搜索提取（从哪端开始视具体提取方向而定）。这里有一个小技巧：使用切片操作 sequence_name[::-1]可以将列表反转。其实这里就是从列表右端开始，逐个提取元素，直至提取完所有元素。应用示例如代码 3-7 所示。

代码 3-7　切片操作省略参数的应用示例

```
>>> # 省略起始元素索引
>>> print(mylist4[:-7:-2])  # 提取从结尾向左到倒数第 7 个元素间的元素，步长值为 2
[100, 80, 60]
>>> # 省略终止元素索引
>>> print(mylist4[6:])  # 提取从第 7 个元素到列表右端最后一个元素之间的所有元素
[70, 80, 90, 100]
>>> # 同时省略起始元素索引和终止元素索引
>>> print(mylist4[::-2])  # 提取从结尾到左端第 1 个元素之间的元素，步长值为 2
[100, 80, 60, 40, 20]
>>> # 提取从结尾到左端第 1 个元素之间的全体元素，步长值为 1，即将列表反转
>>> print(mylist4[::-1])
[100, 90, 80, 70, 60, 50, 40, 30, 20, 10]
```

　　与索引访问提取不同，切片操作无须担心传入的索引超出列表索引范围。如果传入的索引小于列表第 1 个元素的负索引，切片操作会将其当作 0；如果传入的索引大于列表最后一个元素的正索引，切片操作会将其当作–1。注意，在这种情况下，切片操作包含终止元素。另外，当切片操作从起始元素索引根据提取方向无法到达终止元素索引时，Python 将返回一个空列表。具体应用示例如代码 3-8 所示。

代码 3-8　切片操作传入特殊索引处理示例

```
>>> # 提取从第 4 个元素到列表右端最后一个元素之间的元素，步长值为 2
>>> print(mylist4[3:100:2])
[40, 60, 80, 100]
>>> # 提取从倒数第 5 个元素到列表左端第 1 个元素之间的全体元素，步长值为 1
>>> print(mylist4[-5:-20:-1])
[60, 50, 40, 30, 20, 10]
>>> print(mylist4[6:2])  # 提取从第 7 个元素向右到第 3 个元素之间的所有元素
[]
```

### 3.2.3 列表常用方法和函数

Python 的列表对象拥有丰富灵活的列表方法，而且 Python 中也有很多函数支持对列表对象进行操作，从而可以对列表对象进行更复杂的处理。常用的处理包括对列表对象进行元素的增添、删除、修改、查询等。

#### 1. 增添列表元素

使用列表方法 append()、extend() 和 insert() 可以向列表对象中增添元素，这 3 种方法各有特点。

（1）append() 方法

使用 append() 方法传入需要增添到列表对象的一个元素，该元素会被追加到列表尾部，如代码 3-9 所示。注意，append() 方法一次只能追加一个元素。

代码 3-9  使用 append() 方法追加一个元素

```
>>> month = ['January', 'February', 'March', 'April', 'May', 'June']
>>> month.append('July')  # 使用 append() 方法向列表尾部追加元素
>>> print(month)  # 查看列表内容
['January', 'February', 'March', 'April', 'May', 'June', 'July']
```

（2）extend() 方法

使用 extend() 方法能够将另一个列表增添到指定列表末尾，相当于将两个列表拼接。类似于字符串拼接，两个列表对象也可以通过加号进行拼接，使用 extend() 方法的效果与使用自增运算（+=）的相同，如代码 3-10 所示。

代码 3-10  使用 extend() 方法追加多个元素

```
>>> # 创建一个列表对象 month 的副本，用于对比 extend() 方法与自增运算的效果
>>> month_copy = month.copy()
>>> print(month_copy)
['January', 'February', 'March', 'April', 'May', 'June', 'July']
>>> others = ['August', 'September', 'November', 'December']
>>> month.extend(others)  # 使用 extend() 方法将两个列表进行拼接
>>> print(month)
['January', 'February', 'March', 'April', 'May', 'June', 'July', 'August',
'September', 'November', 'December']
>>> month_copy += others  # 对副本进行自增运算
>>> print(month_copy)
['January', 'February', 'March', 'April', 'May', 'June', 'July', 'August',
'September', 'November', 'December']
```

（3）insert() 方法

类似于 append() 方法，使用 insert() 方法也能够向列表中增添一个元素。不同的是，

insert()方法可以指定增添位置，类似于在列表某个位置插入一个元素。只要向 insert()方法中传入插入位置和要插入的元素，即可在列表的相应位置增添指定的元素。若插入位置超出列表尾端，则元素会被置于列表最后，相当于 append()方法的效果。使用 insert()方法插入元素示例如代码 3-11 所示。

**代码 3-11　使用 insert()方法插入元素**

```
>>> month.insert(9, 'October')  # 在列表第 10 个位置上插入元素
>>> print(month)
['January', 'February', 'March', 'April', 'May', 'June', 'July', 'August',
'September', 'October', 'November', 'December']
>>> month.insert(20, 'None')  # 插入位置超出列表尾端
>>> print(month)
['January', 'February', 'March', 'April', 'May', 'June', 'July', 'August',
'September', 'October', 'November', 'December', 'None']
```

#### 2. 删除列表元素

代码 3-11 中的列表对象 month 包含一个与其他元素格格不入的元素 "None"，为了让 month 只包含表示月份的字符串，需要把元素 "None" 从列表中删除，具体方法如下。

（1）del 语句

在 Python 中，使用 del 语句可以将列表元素删除。实质上，del 语句是赋值语句（ = ）的逆过程。如果将赋值语句看作 "向对象贴变量名标签"，那么 del 语句就是 "将对象上的标签撕下来"，即将一个对象与它的变量名分离。使用 del 语句可以将从列表中提取出的元素删除，如代码 3-12 所示。

**代码 3-12　使用 del 语句删除元素**

```
>>> month_copy = month.copy()  # 创建一个列表对象 month 的副本
>>> del month_copy[-1]  # 删除副本中的最后一个元素
>>> print(month_copy)
['January', 'February', 'March', 'April', 'May', 'June', 'July', 'August',
'September', 'October', 'November', 'December']
```

（2）pop()方法

利用元素位置可以对元素进行删除操作。将元素索引传入 pop()方法中，将会获取对应元素，并将其在列表中删除，相当于把列表中的元素抽离出来。若不指定元素位置，pop()方法将默认使用索引−1。使用 pop()方法删除元素的示例如代码 3-13 所示。

**代码 3-13　使用 pop()方法删除元素**

```
>>> month_copy = month.copy()  # 创建一个列表对象 month 的副本
>>> print(month_copy.pop(3))  # 获取并删除第 4 个元素
```

```
'April'
>>> del_element = month_copy.pop()  # 将最后一个元素赋值给一个变量并在副本中将其删除
>>> print(del_element)  # 查看删除元素
'None'
>>> print(month_copy)  # 查看副本
['January', 'February', 'March', 'May', 'June', 'July', 'August', 'September',
'October', 'November', 'December']
```

（3）remove()方法

除了利用元素位置进行元素删除外，还可以对指定元素进行删除。将指定元素传入remove()方法，则列表中第一次出现的该元素将会被删除，如代码 3-14 所示。

代码 3-14　使用 remove()方法删除元素

```
>>> month.remove('None')  # 删除列表中的元素'None'
>>> print(month)
['January', 'February', 'March', 'April', 'May', 'June', 'July', 'August',
'September', 'October', 'November', 'December']
```

### 3．修改列表元素

列表对象 month 现在已经包含 12 个月份的英文字符串。若觉得这些字符串过长，可以将月份修改为缩写形式，这时需要对列表元素进行修改。

由于列表是可变的，修改列表元素最简单的方法是提取相应元素并进行赋值操作，如代码 3-15 所示。

代码 3-15　修改列表元素

```
>>> month[0] = 'Jan'  # 将第 1 个元素改为缩写形式
>>> print(month)
['Jan', 'February', 'March', 'April', 'May', 'June', 'July', 'August',
'September', 'October', 'November', 'December']
```

前面的方法的处理都是直接作用在列表对象上的，而且会创建一些所谓的副本来进行处理，下面解释创建副本的理由。

对于可变数据类型的数据结构，直接在对象上进行元素的增添、删除、修改、查询等操作，处理结果将直接影响对象本身，如代码 3-16 所示。

代码 3-16　操作作用于对象

```
>>> a = [1, 2, 3, 4]  # 变量 a 指向列表对象[1, 2, 3, 4]
>>> b = a  # 变量 b 也指向列表对象[1, 2, 3, 4]
>>> a.append(5)  # 列表尾端追加元素 5
>>> print(a)
[1, 2, 3, 4, 5]
```

```
>>> print(b)  # 通过变量 b 查看列表
[1, 2, 3, 4, 5]
```

  代码 3-16 展示了操作会直接作用在对象上。列表对象有 a 和 b 两个变量，通过变量 a 对列表对象进行操作时，列表对象的内容发生改变，此时，无论是通过变量 a 还是变量 b 来查看列表对象，结果都是一样的。如果不希望操作直接作用于列表对象本身，那么可以使用列表的 copy() 方法创建一个完全一样的副本，将操作作用在副本上。这样，列表对象本身就不会发生变化。实际上，这个副本已经是另一个列表对象，只是内容与原列表对象完全相同而已。除了 copy() 方法外，使用切片操作和 list 函数也能达到同样的效果，如代码 3-17 所示。

代码 3-17  创建副本执行操作

```
>>> a = [10, 20, 30, 40, 50]
>>> b = a.copy()  # 使用 copy() 方法创建副本
>>> c = a[:]  # 使用切片操作创建副本
>>> d = list(a)  # 使用 list 函数创建副本
>>> print(id(a), id(b), id(c), id(d))  # 查看各变量对象的 id
2617832796104, 2617832795848, 2617832794568, 2617832795592
>>> b[2] = 'three'  # 修改副本第 3 个元素
>>> print(b)
[10, 20, 'three', 40, 50]
>>> print(a)  # 原列表并没有发生变化
[10, 20, 30, 40, 50]
>>> print(c)
[10, 20, 30, 40, 50]
>>> print(d)
[10, 20, 30, 40, 50]
```

#### 4. 查询列表元素

  元素查询也是对列表进行处理的重要操作，可以利用列表方法 index() 来查询指定元素在列表中第 1 次出现的位置索引。若列表不包含指定元素，则会出现错误提示。要判断列表是否包含某个元素，可以使用 Python 中的 in 关键字，具体格式为"元素 in 列表对象"。若元素至少在列表中出现过一次，则返回 True，否则返回 False。index() 方法和 in 关键字的应用示例如代码 3-18 所示。

代码 3-18  index() 方法和 in 关键字的应用示例

```
>>> letter = ['A', 'B', 'A', 'C', 'B', 'B', 'C', 'A']
>>> print(letter.index('C'))  # 获取元素 'C' 在列表中第 1 次出现的位置索引
3
```

```
>>> # 使用 in 关键字判断列表是否包含元素 'A'
>>> print('A' in letter)
True
```

以上是关于列表的重要的常用处理方法，是熟练掌握列表类型数据结构的重要基础。

### 5. 其他常用操作

列表的操作和应用非常丰富，使用列表可以实现更加高级、复杂的处理，有兴趣的读者可以查阅相关资料进行深入学习。下面再介绍其他比较常用的列表操作/运算符，如表 3-1 所示。

表 3-1 其他常用的列表操作/运算符

| 操作/运算符 | 说　　明 |
|---|---|
| count()方法 | 记录某个元素在列表中出现的次数 |
| sort()方法 | 对列表中的元素进行排序，默认按升序排序，可以通过设置参数 reverse=True 进行降序排序。结果会改变原列表内容 |
| sorted 函数 | 与 list.sort()方法的作用一样，但不改变原列表内容 |
| reverse()方法 | 反转列表中的各元素 |
| len 函数 | 获取列表长度，即列表中元素的个数 |
| + | 将两个列表拼接为一个列表 |
| * | 重复拼接同一个列表多次 |

表 3-1 中列举的操作/运算符的应用示例如代码 3-19 所示。

代码 3-19 其他常用的列表操作/运算符

```
>>> # 使用 count()方法进行元素计数
>>> letter = ['B', 'A', 'C', 'D', 'A', 'C', 'D', 'A']
>>> print(letter.count('A'))  # 获取元素 'A' 在列表中出现的次数
3
>>> # 使用 sorted()函数和 sort()方法对列表进行排序
>>> print(sorted(letter))  # 使用 sorted 函数对列表进行排序，不改变原列表内容
['A', 'A', 'A', 'B', 'C', 'C', 'D', 'D']
>>> print(letter)
['B', 'A', 'C', 'D', 'A', 'C', 'D', 'A']
>>> letter.sort()  # 使用 sort()方法对列表进行排序，改变原列表内容
>>> print(letter)
['A', 'A', 'A', 'B', 'C', 'C', 'D', 'D']
>>> letter.sort(reverse=True)  # 对列表进行降序排列
>>> print(letter)
```

```
['D', 'D', 'C', 'C', 'B', 'A', 'A', 'A']
>>> # 使用 reverse()方法反转列表
>>> season = ['spring', 'summer', 'autumn', 'winter']
>>> season.reverse()  # 反转列表
>>> print(season)
['winter', 'autumn', 'summer', 'spring']
>>> # 使用 len 函数获取列表长度
>>> print(len(season))
4
>>> # 使用加号拼接两个列表
>>> print([1,2,3]+[4,5,6])
[1, 2, 3, 4, 5, 6]
>>> # 使用乘号重复拼接列表
>>> print([10,20,30,40]*3)
[10, 20, 30, 40, 10, 20, 30, 40, 10, 20, 30, 40]
```

## 【任务 3-1】实现某超市营业额数据的存储、查询与修改

任务描述

【任务 3-1】实现某超市销售数据的存储、查询与修改

为了全面评估 2023 年的生鲜销售业绩，某超市计划将表 3-2 和表 3-3 中的数据合并，以便汇总全年的营业额数据。鉴于春节期间的促销活动对业绩有显著影响，超市特别关注 2 月的生鲜营业额数据，以评估春节促销活动的成效。此外，财务部门在记录 12 月的营业额时发现了一个错误，导致 12 万元的营业额未被计入。为了确保账目的准确性，超市将修正这一错误，确保最终记录的营业额与实际营业额相符。

表 3-2　1～7 月生鲜营业额

| 月份 | 1 月 | 2 月 | 3 月 | 4 月 | 5 月 | 6 月 | 7 月 |
| --- | --- | --- | --- | --- | --- | --- | --- |
| 营业额/万元 | 20 | 80 | 45 | 35 | 32 | 75 | 43 |

表 3-3　8～12 月生鲜营业额

| 月份 | 8 月 | 9 月 | 10 月 | 11 月 | 12 月 |
| --- | --- | --- | --- | --- | --- |
| 营业额/万元 | 54 | 34 | 23 | 54 | 34 |

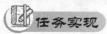任务实现

根据任务描述，本任务的具体实现步骤如下。

（1）创建列表 turnover1 和 turnover2，分别存放表 3-2 和表 3-3 所示的生鲜营业额信息，参考代码如任务实现 3-1 所示。

任务实现 3-1 创建列表

```
>>> # 创建 turnover1 列表和 turnover2 列表
>>> turnover1 = [20, 80, 45, 35, 32, 75, 43]
>>> turnover2 = [54, 34, 23, 54, 34]
```

（2）使用加号合并 turnover1 列表和 turnover2 列表，并赋值给 turnover3 变量，参考代码如任务实现 3-2 所示。

任务实现 3-2 合并列表

```
>>> turnover3 = turnover1 + turnover2
```

（3）使用索引操作查询 2 月的营业额，参考代码如任务实现 3-3 所示。

任务实现 3-3 查询 2 月的营业额

```
>>> # 查询 2 月的营业额
>>> print(turnover3[1])
80
```

（4）索引 12 月的营业额并通过赋值操作修改营业额为 46 万元，参考代码如任务实现 3-4 所示。

任务实现 3-4 修改 12 月的数据

```
>>> # 修改 12 月的营业额
>>> turnover3[-1] = 46
>>> print(turnover3)
[20, 80, 45, 35, 32, 75, 43, 54, 34, 23, 54, 46]
```

在 2023 年的业绩评估过程中，该超市深入分析了春节促销活动对生鲜销售业绩的具体影响，迅速识别并修正了财务记录中的错误，从而保证了营业额数据的精确无误。

## 3.3 创建元组并进行取值操作

在前面介绍列表的过程中，已经简单提及元组类型数据结构。元组与列表非常相似，都是有序元素的集合，并且可以包含任意类型的元素。不同的是，元组是不可变的，换句话说，元组一旦创建后就不能被修改，即不能对元组对象中的元素进行修改、增添、删除等操作。列表的可变性使其能更方便地处理复杂问题，如更新动态数据等。但很多时候我们不希望某些处理过程修改对象内容，如敏感数据，这时就需要用到元组的不可变性。

### 3.3.1 创建元组

与创建列表类似，创建元组只需传入有序元素即可。常用的创建元组方法有使用圆括号创建和使用 tuple 函数创建。

## 1. 使用圆括号创建元组

使用圆括号将有序元素括起来，并用逗号隔开，即可创建元组。需要注意的是，这里的逗号是必须存在的，即使元组当中只有一个元素，其后也需要有逗号。在 Python 中定义元组的关键是元组当中的逗号，而圆括号则可以省略。当输出元组时，Python 会自动加上一对圆括号。如果不向圆括号中传入任何元素，那么会创建一个空元组。使用圆括号创建元组的示例如代码 3-20 所示。

代码 3-20　使用圆括号创建元组

```
>>> # 使用圆括号创建元组
>>> mytuple1 = (1, 2.5, ('three', 'four'), [True, 5], False)
>>> print(mytuple1)
(1, 2.5, ('three', 'four'), [True, 5], False)
>>> mytuple2 = 2, True, 'five', 3.5  # 省略圆括号
>>> print(mytuple2)  # 结果自动加上圆括号
(2, True, 'five', 3.5)
>>> empty_tuple = ()  # 创建空元组
>>> print(empty_tuple)
()
```

## 2. 使用 tuple 函数创建元组

tuple 函数能够将其他数据结构对象转换成元组对象。先创建一个列表，再将列表传入 tuple 函数中转换成元组，即可实现元组创建。

使用 tuple 函数对代码 3-20 中的元组对象进行再次创建，如代码 3-21 所示。需要注意的是，在 tuple 函数中传入元组时需要加上圆括号。

代码 3-21　使用 tuple 函数创建元组

```
>>> # 使用 tuple 函数将列表转换为元组
>>> mytuple1 = tuple([1, 2.5, ('three', 'four'), [True, 5], False])
>>> print(mytuple1)
(1, 2.5, ('three', 'four'), [True, 5], False)
>>> mytuple2 = tuple((2, True, 'five', 3.5))
>>> print(mytuple2)
(2, True, 'five', 3.5)
>>> empty_tuple = tuple()
>>> print(empty_tuple)
()
```

通过代码 3-20 和代码 3-21 可知，创建元组与创建列表的方法极其类似，只是元组使用圆括号来包含元素，而列表使用的是方括号。

### 3.3.2 元组常用方法和函数

元组是不可变的，类似对列表元素的增添、删除、修改等处理都不能作用在元组对象上，但元组属于序列类型数据结构，因此可以在元组对象上进行元素索引访问提取和切片操作提取。可以使用元组解包来简化赋值操作，特别是当需要从元组中提取多个元素并将其赋值给多个变量时。

#### 1. 元组元素提取

利用序列的索引进行访问提取和切片操作，可以提取元组中的元素和切片。

（1）元组索引访问提取

与列表索引访问提取类似，只要传入元素索引，就能够提取对应元素。同样，若传入的索引超出元组索引范围，则会返回一个错误，如代码 3-22 所示。

代码 3-22　元组索引访问提取

```
>>> mytuple3 = ( '制造强国', '质量强国', '航天强国', '交通强国',
... '网络强国', '数字中国')
>>> print(mytuple3[0])    # 提取元组第 1 个元素
制造强国
>>> print(mytuple3[10])   # 传入的索引超出元组索引范围
IndexError: tuple index out of range
```

（2）元组切片操作提取

使用类似列表的切片操作，也可以提取元组的切片，并且无须考虑超出索引范围的问题，如代码 3-23 所示。

代码 3-23　元组切片操作提取

```
>>> print(mytuple3[-2::-1])    # 提取元组倒数第 2 个元素到左端第 1 个元素之间的所有元素
('网络强国', '交通强国', '航天强国', '质量强国', '制造强国')
>>> print(mytuple3[1:10])    # 超出元素索引范围
('质量强国', '航天强国', '交通强国', '网络强国', '数字中国')
```

#### 2. 元组解包

将元组中的各个元素赋值给多个不同变量的操作通常称为元组解包，其使用格式为obj_1,obj_2,…,obj_n=tuple。由于创建元组时可以省略圆括号，因此元组解包可以看成是多条赋值语句的集合。由此可见，Python 在赋值操作上的处理非常灵活，一条简单的元组解包代码即可实现多条赋值语句的功能，如代码 3-24 所示。

代码 3-24　元组解包

```
>>> A, B, C, D, E, F = mytuple3 # 利用元组解包给多个变量赋值
>>> print(A)
制造强国
```

```
>>> print(C)
航天强国
>>> x, y, z = 1, True, 'one'
>>> print(x)
1
>>> print(z)
'one'
```

### 3. 元组常用操作

相比于列表，由于元组无法修改元素，因此可对元组进行的操作相对较少，但仍然能够对元组进行元素位置查询等操作。下面介绍其他常用的元组操作/运算符，如表 3-4 所示。

表 3-4　其他常用的元组操作/运算符

| 操作/运算符 | 说　　明 |
| :---: | :--- |
| count()方法 | 记录某个元素在元组中出现的次数 |
| index()方法 | 获取元素在元组中第 1 次出现的位置索引 |
| sorted 函数 | 创建对元素进行排序后的元组 |
| len 函数 | 获取元组长度，即元组中元素的个数 |
| + | 将两个元组合并为一个元组 |
| * | 重复合并同一个元组为一个更长的元组 |

表 3-4 给出的操作/运算符的应用示例如代码 3-25 所示。

代码 3-25　其他常用的元组操作/运算符

```
>>> # 使用 count()方法进行元素计数
>>> mytuple4 = ('A', 'D', 'C', 'A', 'C', 'B', 'B', 'A')
>>> print(mytuple4.count('B'))
2
>>> # 使用 index()方法获取元素在元组中第 1 次出现的位置索引
>>> print(mytuple4.index('C'))
2
>>> # 使用 sorted 函数对元组元素进行排序
>>> print(sorted(mytuple4))
['A', 'A', 'A', 'B', 'B', 'C', 'C', 'D']
>>> # 使用 len 函数获取元组长度
>>> print(len(mytuple4))
8
```

```
>>> # 使用加号合并两个元组
>>> print((1, 2, 3) + (4, 5, 6))
(1, 2, 3, 4, 5, 6)
>>> # 使用乘号重复合并元组
>>> print((10,20,30,40) * 3)
(10, 20, 30, 40, 10, 20, 30, 40, 10, 20, 30, 40)
```

## 【任务 3-2】实现学生成绩管理

【任务 3-2】实现
学生成绩管理

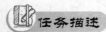

某学生期末成绩中的语文、数学、外语、政治和实践课程的成绩分别为 78 分、89 分、89 分、90 分和 69 分。为了有效地存储和管理某学生的期末成绩数据，需要将这些成绩数据存储到元组中。这种存储方式既简单又高效，使得我们对成绩数据的访问和处理变得更加便捷。

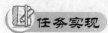

根据任务描述，本任务的具体实现步骤如下。

（1）创建元组 scores，定义元组中元素的数据类型为字符串，形式如 "78:语文"，参考代码如任务实现 3-5 所示。

### 任务实现 3-5　创建元组

```
>>> # 创建元组 scores
>>> scores = ('78:语文', '89:数学', '89:外语', '90:政治', '69:实践')
```

（2）通过索引操作查询实践课程的成绩，参考代码如任务实现 3-6 所示。

### 任务实现 3-6　索引元素

```
>>> # 通过索引查询实践课程的成绩
>>> print(scores[-1])
69:实践
```

通过将学生的各科成绩数据存储到一个元组中，便于我们对成绩数据进行访问和处理。通过查询实践课程的成绩可知，该学生期末成绩中实践成绩为 69 分，相对较低，在后续的学习中该学生需更加注重将理论和实践相结合。

## 3.4　创建字典并进行增、删、改、查等操作

在多数情况下，数据对应的元素之间的顺序是无关紧要的，因为各元素都具有特别的意义，如手机号码，如果用序列来存储这类数据并不是一个理想的选择。Python 提供了一个更好的解决方案——使用字典。

在 Python 中，字典是一种映射类型的数据结构。字典包含以任意类型的数据结构作为元素的集合，其中，各元素都具有与之对应且唯一的键，字典主要通过键来访问与键对应的元素。字典与列表、元组有所不同，后两者使用索引来访问对应的元素，而字典的元素都拥有各自的键，每个键值对都可以看成一个映射关系。此外，元素在字典中没有严格的顺序关系。由于字典是可变的，因此可以对字典对象进行元素的增、删、改、查等基本操作。

### 3.4.1 解析字典的键与值

字典中的每个元素都具有与之对应且唯一的键，元素就是键所对应的值，键与值共同构成一个映射关系，即键→值，每个键都可以映射到相应的值，类似于身份证号码可以映射到名字。键和值的这种映射关系在 Python 中具体表示为键:值（key:value），键和值之间用冒号隔开，这里将其称为"键值对"，字典中会包含多组键值对。需要注意的是，字典中的键必须使用不可变数据类型的对象，例如数字、字符串、元组等，并且键是不允许重复的；而值则可以是任意类型的，且在字典中可以重复。

### 3.4.2 创建字典

字典中最关键的信息是含有映射关系的键值对，创建字典时，需要将键和值按规定格式传入特定的符号或函数中。Python 中常用的两种创建字典的基本方法分别是使用花括号创建和使用 dict()函数创建。

#### 1. 使用花括号创建字典

只需将字典中的一系列键和值按键值对的格式传入花括号中，并用逗号将各键值对隔开，即可实现字典的创建，具体格式如下。

```
dict = {key_1:value_1, key_2:value_2, …, key_n:value_n}
```

如果在花括号中不传入任何键值对，那么将会创建一个空字典。当在花括号中重复传入相同的键时，因为键在字典中不允许重复，所以字典最终会采用最后出现的重复键的键值对。具体应用示例如代码 3-26 所示。

代码 3-26　使用花括号创建字典

```
>>> mydict1 = {'myint': 1, 'myfloat': 3.1415, 'mystr': 'name',
...       'myint': 100, 'mytuple': (1, 2, 3), 'mydict': {}}  # 使用花括号创建字典
>>> # 对于重复键，采用最后出现的对应键值对
>>> print(mydict1)
{'myint':100, 'myfloat': 3.1415, 'mystr': 'name', 'mytuple': (1, 2, 3), 'mydict':
{}}
>>> empty_dict = {}  # 创建空字典
>>> print(empty_dict)
{}
```

### 2. 使用 dict 函数创建字典

创建字典的另一种方法就是使用 dict 函数。Python 中 dict 函数的作用主要是将包含双值子序列的序列对象转换为字典类型，其中各双值子序列中的第 1 个元素作为字典的键，第 2 个元素作为键对应的值，即双值子序列中包含键值对信息。双值子序列实际上就是只包含两个元素的序列。例如，只包含两个元素的列表['name', 'Lily']、只包含两个元素的元组('age', 18)，以及只包含两个字符的字符串'ab'等。将字典中键和值对应的数据组成双值子序列，然后将这些双值子序列组成序列，例如，组成元组(['name', 'Lily'], ('age', 18), 'ab')，再传入 dict 函数中，即可将其转换为字典类型，得到字典对象。除了通过转换方式创建字典外，还可以直接向 dict 函数传入键和值创建字典，其中，键和值应通过"="隔开。需要注意的是，这种创建方式不允许键重复，否则会返回错误。具体格式如下。

```
dict(key_1=value_1, key_2=value_2, …, key_n=value_n)
```

当不为 dict 函数传入任何内容时，即可创建一个空字典。

使用 dict 函数创建字典的示例如代码 3-27 所示。

**代码 3-27　使用 dict 函数创建字典**

```
>>> # 使用 dict 函数转换列表对象为字典对象
>>> mydict1 = dict([('myint', 1), ('myfloat', 3.1415), ('mystr', 'name'),
...             ('myint', 100), ('mytuple', (1, 2, 3)), ('mydict', {})])
>>> print(mydict1)
{'myint': 100, 'myfloat': 3.1415, 'mystr': 'name', 'mytuple': (1, 2, 3), 'mydict':
{}}
>>> mydict2 = dict(zero=0, one=1, two=2) # 使用 dict 函数创建字典
>>> print(mydict2)
{'zero': 0, 'one': 1, 'two': 2}
>>> empty_dict = dict() # 创建空字典
>>> print(empty_dict)
{}
```

代码 3-27 涵盖了创建字典的基本方法，从中能够看到字典中可以包含各种数据类型的对象，字典中的所有值都可以对应到有具体意义的键。由此可见，字典是一种非常灵活和重要的数据结构。

### 3.4.3　提取字典元素

与序列类型数据结构不同，字典作为映射类型数据结构，并没有索引的概念，也不支持切片操作等处理方法，字典中只有键和值之间的映射关系，因此对字典元素的提取主要是利用这种映射关系来实现的。通过在字典对象后紧跟方括号，在方括号中包含指定的键即可提取相应的值，具体使用格式为 dict[key]，即字典[键]。同时应注意，传入的键要存在于字典中，否则会返回一个错误。提取字典元素的示例如代码 3-28 所示。

代码 3-28　提取字典元素

```
>>> mydict3 = {'spring': (3, 4, 5), 'summer': (6, 7, 8), 'autumn': (9, 10, 11),
...           'winter': (12, 1, 2)}
>>> print(mydict3['autumn'])  # 提取键'autumn'对应的值
(9, 10, 11)
>>> print(mydict3['Spring'])  # 提取字典中不存在的键'Spring'对应的值
KeyError: 'Spring'
```

为避免提取字典元素时出现传入键不存在而导致出错，有两种处理方法。

### 1. 提取前使用 in 关键字测试键是否存在

在传入键之前，测试字典中是否存在要传入的键，如果不存在，就不进行提取操作。这种功能具体可以使用 in 关键字来实现，如代码 3-29 所示。

代码 3-29　使用 in 关键字测试键是否存在

```
>>> print('Spring' in mydict3)  # 使用 in 关键字测试键是否存在
False
```

### 2. 使用字典方法 get()

字典方法 get()能够灵活地处理元素的提取，无论键是否存在，向 get()方法传入需要的键和一个代替值即可。若只传入键，当键存在于字典中时，get()方法会返回对应的值；当键不存在时，get()方法会返回 None，屏幕上什么都不显示。如果同时传入代替值，当键存在时，将返回与键对应的值；当键不存在时，则返回传入的代替值，而不是 None。具体应用示例如代码 3-30 所示。

代码 3-30　使用 get()方法提取元素

```
>>> print(mydict3.get('summer'))  # 传入存在的键并返回对应值
(6, 7, 8)
>>> mydict3.get('Spring')  # 仅传入不存在的键，不显示任何内容
>>> print(mydict3.get('Spring'))  # 输出 get()方法返回的结果
None
>>> # 传入不存在的键并返回代替值
>>> print(mydict3.get('Spring', 'Not in this dict'))
'Not in this dict'
```

## 3.4.4　字典常用方法和函数

在 Python 的内置数据结构当中，列表和字典是最为灵活的数据结构。类似于列表，字典也属于可变数据结构，因此字典也含有丰富且功能强大的方法和函数。下面将介绍如何对字典元素进行增添、删除、修改、查询和获取等最常用的处理。与列表一样，字典中也有 copy()方法，其作用是复制字典内容并创建一个副本对象。由于上述字典处理会直接作

用在字典对象上，而且各种处理方式包含多种方法，为了能更好地展示各种方法的处理效果，下面的示例将会利用 copy()方法取得副本对象后再进行处理。

### 1. 增添字典元素

直接利用键访问赋值的方法，可以向字典中增添一个元素。如果需要增添多个元素，或将两个字典合并，那么可以使用 update()方法。接下来将具体介绍这两种元素增添的方法。

（1）使用键访问赋值增添元素

利用字典元素提取方法传入一个新的键，并对这个新键进行赋值操作，即 dict [newkey] = new_value，字典中就会产生新的键值对。这种赋值操作可能会因为键不存在而出现错误，如代码 3-31 所示。

代码 3-31　使用键访问赋值增添元素

```
>>> country = dict(China='Beijing',
...             England='London',
...             France='Paris',
...             Canada='Ottawa')  # 使用 dict 函数创建字典
>>> country_copy = country.copy()  # 创建一个字典对象副本
>>> country_copy['Russia'] = 'Moscow'  # 增添元素
>>> print(country_copy)
{'China': 'Beijing', 'England': 'London', 'France': 'Paris', 'Canada': 'Ottawa',
'Russia': 'Moscow'}
```

（2）使用 update()方法合并字典

字典方法 update()能将两个字典进行合并，传入字典中的键值对会被复制并增添到调用此方法的字典对象中。如果两个字典中存在相同的键，那么传入字典中的键所对应的值会替换掉调用 update()方法的字典对象中的原有值，从而实现值更新的效果。具体应用示例如代码 3-32 所示。

代码 3-32　使用 update()方法合并字典

```
>>> others = dict(Australia='Canberra',
...         Japan='tokyo',
...         Canada='OTTAWA')
>>> country.update(others)  # 使用 update()方法增添多个元素
>>> print(country)
{'China': 'Beijing', 'England': 'London', 'France': 'Paris', 'Canada': 'OTTAWA',
'Australia': 'Canberra', 'Japan': 'tokyo'}
```

### 2. 删除字典元素

使用 del 语句可以删除指定键值对。另外，字典也包含列表中的 pop()方法，只要传入键，即可将对应的键值对从字典中删除。与列表不同的是，字典中的 pop()方法必须传入参数。如果需要清空字典内容，那么可以使用字典的 clear() 方法，结果返回一个空字典。

（1）使用 del 语句删除字典元素

使用 del 语句删除字典元素的具体格式为 del dict [key]，应用示例如代码 3-33 所示。

代码 3-33　使用 del 语句删除字典元素

```
>>> country_copy = country.copy()
>>> del country_copy['Canada']  # 使用 del 语句删除副本对象中的元素
>>> print(country_copy)
{'China': 'Beijing', 'England': 'London', 'France': 'Paris', 'Australia':
'Canberra', 'Japan': 'tokyo'}
```

（2）使用 pop() 方法删除字典元素

如果向 pop() 方法传入需要删除的元素的键，那么将会返回对应的值，并在字典当中删除相应的键值对。若将返回的结果赋值给变量，则相当于从字典当中抽离出值。应用示例如代码 3-34 所示。

代码 3-34　使用 pop() 方法删除字典元素

```
>>> old_value = country.pop('Canada')  # 将键对应的值赋值给变量，并删除键值对
>>> print(old_value)
'OTTAWA'
>>> print(country)
{'China': 'Beijing', 'England': 'London', 'France': 'Paris', 'Australia':
'Canberra', 'Japan': 'tokyo'}
```

（3）使用 clear() 方法删除字典元素

clear() 方法可以删除字典中的所有元素，最终返回一个空字典，如代码 3-35 所示。

代码 3-35　使用 clear() 方法删除字典元素

```
>>> country_copy = country.copy()
>>> country_copy.clear()  # 清空副本对象内容
>>> print(country_copy)
{}
```

### 3. 修改字典元素

现在，字典 country 已经删除了字母全为大写的值及其对应的键，但发现还有一个值全为小写。为统一字典中各元素的格式，需要对这个值进行修改。

要修改字典中的某个元素，同样可以使用键访问赋值实现，其格式为 dict[key] = new_value。由此可见，赋值操作在字典中的使用非常灵活，无论键是否存在于字典中，所赋予的新值都会覆盖或增添到字典中，这在很大程度上方便了我们对字典对象的处理。具体应用示例如代码 3-36 所示。

代码 3-36　修改字典元素

```
>>> country['Japan'] = 'Tokyo'   # 直接将新值赋值给对应元素
>>> print(country)
{'China': 'Beijing', 'England': 'London', 'France': 'Paris', 'Australia':
'Canberra', 'Japan': 'Tokyo'}
```

#### 4．查询和获取字典元素信息

在实际应用当中，往往需要查询某个键或值是否存在于字典当中，除了可以使用提取字典元素的方法进行查询外，还可以使用 Python 中的 in 关键字进行查询。字典的方法中有 3 种方法可以用于获取键值信息。

（1）keys()：用于获取字典中的所有键。

（2）values()：用于获取字典中的所有值。

（3）itmes()：用于获取字典中的所有键值对。

调用以上 3 种方法返回的结果分别是字典中键、值和键值对的迭代形式，可以通过 list 函数将返回结果转换为列表类型，同时可以配合使用 in 关键字，判断键值和键值对是否存在于字典中。具体应用示例如代码 3-37 所示。

代码 3-37　获取键值信息

```
>>> # 判断键是否存在于字典中
>>> print('Canada' in country)
False
>>> # 获取所有键
>>> all_keys = country.keys()   # 使用 keys()方法获取所有键
>>> print(all_keys)
dict_keys(['China', 'England', 'France', 'Australia', 'Japan'])
>>> all_values = country.values()   # 使用 values()方法获取所有值
>>> print(all_values)
dict_values(['Beijing', 'London', 'Paris', 'Canberra', 'Tokyo'])
>>> print('Beijing' in all_values)   # 判断值是否存在于字典中
True
>>> print(list(all_values))   # 将值的迭代形式转换为列表
['Beijing', 'London', 'Paris', 'Canberra', 'Tokyo']
>>> all_items = country.items()   # 使用 items()方法获取所有键值对
>>> print(all_items)
dict_items([('China', 'Beijing'), ('England', 'London'), ('France', 'Paris'),
('Australia', 'Canberra'), ('Japan', 'Tokyo')])
>>> print(('Australia', 'Canberra') in all_items)   # 判断键值对是否存在于字典中
True
>>> print(list(all_items))   # 将键值对的迭代形式转换为列表
```

```
[('China', 'Beijing'), ('England', 'London'), ('France', 'Paris'), ('Australia',
'Canberra'), ('Japan', 'Tokyo')]
```

代码 3-37 展示了常用的字典处理方法，具体实现了字典元素的增、删、改、查等重要操作。这里所介绍的字典方法和函数可以实现对字典的一些简单处理，如果需要对字典进行更复杂、更高级的处理，那么需要灵活地将这些方法和函数进行组合运用。例如，利用值来查询所有与之对应的键，如代码 3-38 所示。

代码 3-38　利用值查询键

```
>>> test = {'A':100, 'B':300, 'C':True, 'D':200}
>>> keys = list(test.keys())  # 获取字典中的所有键
>>> values = list(test.values())  # 获取字典中的所有值
>>> print(keys)
['A', 'B', 'C', 'D']
>>> print(values)  # 获取的所有键和值的索引正好一一对应，构成原字典中的键值对
[100, 300, True, 200]
>>> print(keys[values.index(True)])  # 利用值 True 的索引来获取对应的键
'C'
```

## 【任务 3-3】创建简单的货物库存查询程序

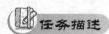 任务描述

【任务 3-3】创建
简单的货物库存查询
程序

为了精确掌握店内水果的总量，某水果店决定对现有库存进行一次彻底的盘点，详细记录目前货架上的每类水果的剩余数量，这些信息被整理并记录在表 3-5 中。同时，店铺也关注着新到货的水果，水果的类型和数量被详细记录在表 3-6 中。通过对这两个表格的数据进行合并和分析，水果店能够获得全面的库存情况，从而更好地管理库存，确保水果的新鲜度和供应量能满足顾客的需求。

表 3-5　已有货物库存信息

| 水果类型 | 数量/箱 |
| --- | --- |
| 苹果 | 154 |
| 香梨 | 69 |
| 香蕉 | 38 |

表 3-6　新进货物信息

| 水果类型 | 数量/箱 |
| --- | --- |
| 火龙果 | 33 |
| 车厘子 | 45 |

**任务实现**

根据任务描述，本任务的具体实现步骤如下。

（1）创建字典 fruit1 和 fruit2，分别用于存储表 3-5 和表 3-6 所示的数据，参考代码如任务实现 3-7 所示。

任务实现 3-7　创建字典

```
>>> # 创建字典 fruit1 和 fruit2
>>> fruit1 = {'苹果': 154, '香梨': 69, '香蕉': 38}
>>> fruit2 = {'火龙果': 33, '车厘子': 45}
```

（2）通过索引操作获取字典 fruit1 中苹果的库存数量，并重新赋值苹果的库存数量为 50 箱，参考代码如任务实现 3-8 所示。

任务实现 3-8　修改苹果库存数量

```
>>> # 修改苹果库存数量
>>> print(fruit1['苹果'])
154
>>> fruit1['苹果'] = 50
>>> print(fruit1)
{'苹果': 50, '香梨': 69, '香蕉': 38}
```

（3）使用 pop()方法删除字典 fruit2 中车厘子的数据，参考代码如任务实现 3-9 所示。

任务实现 3-9　删除车厘子数据

```
>>> # 删除车厘子数据
>>> fruit2.pop('车厘子')
45
```

（4）在字典 fruit1 中增添字典 fruit2 的元素，参考代码如任务实现 3-10 所示。

任务实现 3-10　合并字典

```
>>> # 合并字典
>>> fruit1.update(fruit2)
```

（5）使用 sum()方法获取字典 fruit1 中所有水果的库存数量总和，参考代码如任务实现 3-11 所示。

任务实现 3-11　计算库存数量总和

```
>>> # 计算库存数量总和
>>> total_boxes = sum(fruit1.values())
>>> print(total_boxes)
190
```

通过对店内现有水果库存和新进水果数据的合并与分析处理，该水果店成功实施了一次全面的库存盘点，目前店内总的水果数量为 190 箱。

## 3.5 创建集合并进行集合运算

Python 中的集合类型数据结构是将各不相同的不可变数据对象无序地集中起来的容器。类似于字典中的键，集合中的元素都是不可重复的，并且属于不可变数据类型，元素之间没有排列顺序。集合的这些特性，使得它独立于序列和映射类型之外。Python 中的集合类型相当于数学集合论中所定义的集合，人们可以对集合对象进行数学集合运算（求并集、交集、差集等）。

### 3.5.1 创建集合

若按数据结构对象是否可变来分，集合类型数据结构包括可变集合与不可变集合。

#### 1. 可变集合

可变集合对象属于可变数据类型，可以进行元素的增添、删除等处理，处理结果直接作用在对象上。使用花括号可以创建可变集合，与创建字典不同，创建可变集合时传入的不是键值对，而是集合元素。需要注意的是，传入的元素必须是不可变数据类型，即不能传入列表、字典或可变集合等。另外，可变集合的 set 函数能够将数据结构对象转换为可变集合类型，即将集合元素存储为一个列表或元组，再将其转换为可变集合。在创建可变集合时，无须担心传入的元素是否重复，因为返回的结果会将重复元素删除。如果需要创建空可变集合，那么只能使用 set 函数且不传入任何参数。创建可变集合的应用示例如代码 3-39 所示。

代码 3-39　创建可变集合

```
>>> # 使用花括号创建可变集合
>>> myset1 = {'A', 'C', 'D', 'B', 'A', 'B'}
>>> print(myset1)
{'C', 'D', 'B', 'A'}
>>> # 使用set函数创建可变集合
>>> myset2 = set([2, 3, 1, 4, False, 2.5, 'one'])
>>> print(myset2)
{False, 1, 2, 3, 4, 2.5, 'one'}
>>> empty_set = set()  # 创建空可变集合
>>> print(empty_set)
set()
>>> print(type(empty_set))
<class 'set'>
```

### 2．不可变集合

不可变集合对象属于不可变数据类型，不能对其中的元素进行修改。创建不可变集合的方法是使用 frozenset 函数。它与 set 函数类似，不同的是其返回的结果是一个不可变集合。需要注意的是，传入的元素必须为不可变数据类型。当使用 frozenset 函数且不传入任何参数时，会创建一个空不可变集合。创建不可变集合的应用示例如代码 3-40 所示。

代码 3-40　创建不可变集合

```
>>> myset3 = frozenset([3, 2, 3, 'one', frozenset([1, 2]), True])
>>> # 使用 frozenset 函数创建不可变集合
>>> print(myset3)
frozenset({True, 2, 3, 'one', frozenset({1, 2})})
>>> empty_frozenset = frozenset()   # 创建空不可变集合
>>> print(empty_frozenset)
frozenset()
>>> print(type(empty_frozenset))
<class 'frozenset'>
```

### 3.5.2　集合运算

集合是由互不相同的元素构成的无序整体。集合涉及多种运算，通过这些运算能得到满足某些条件的元素的集合。常用的集合运算包括求并集、求交集、求差集、求异或集等。当需要获得两个集合之间的并集、交集、差集等集合时，这些集合运算能够获取集合之间的某些特殊信息。例如，学生 A 喜欢的运动项目的集合为{'足球', '游泳', '羽毛球', '乒乓球'}，而学生 B 喜欢的运动项目的集合为{'篮球', '乒乓球', '羽毛球', '排球'}，要获取两个学生都喜欢的运动项目，或获取除了学生 B 喜欢的运动项目外，还有哪些运动项目是学生 A 喜欢的，即可通过集合运算来实现。

### 1．并集

由属于集合 A 和 B 的所有元素组成的集合称为集合 A 和 B 的并集，数学表达式为 $A\cup B=\{x\,|\,x\in A$ 或 $x\in B\}$。并集与集合 A 和 B 之间的关系如图 3-2 所示，其中阴影部分即为并集。

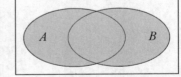

图 3-2　并集与集合 A 和 B 之间的关系

根据并集的数学定义，上述例子中，集合 A 和集合 B 的并集为{'足球', '游泳', '羽毛球', '乒乓球', '篮球', '排球'}，它表示学生 A 和 B 都喜欢的运动项目。在 Python 中可以使用符号"|"或集合方法 union()求出两个集合的并集，如代码 3-41 所示。

代码 3-41　求并集

```
>>> A = {'足球', '游泳', '羽毛球', '乒乓球'}
>>> B = {'篮球', '乒乓球', '羽毛球', '排球'}
```

```
>>> print(A | B)  # 使用符号"|"获取并集
{'羽毛球', '排球', '乒乓球', '足球', '篮球', '游泳'}
>>> print(A.union(B))  # 使用集合方法 union() 获取并集
{'羽毛球', '排球', '乒乓球', '足球', '篮球', '游泳'}
```

### 2. 交集

同时属于集合 $A$ 和 $B$ 的元素组成的集合称为集合 $A$ 和 $B$ 的交集，数学表达式为 $A \cap B = \{x \mid x \in A$ 且 $x \in B\}$。交集与集合 $A$ 和 $B$ 之间的关系如图 3-3 所示，其中阴影部分即交集。

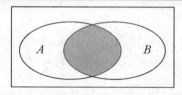

图 3-3　交集与集合 $A$ 和 $B$ 之间的关系

由交集的定义可知，学生 A 和 B 都喜欢的运动项目的集合为{'羽毛球', '乒乓球'}。可以使用符号 "&" 或集合方法 intersection() 求出两个集合的交集，如代码 3-42 所示。

代码 3-42　求交集

```
>>> print(A & B)  # 使用符号 "&" 获取交集
{'羽毛球', '乒乓球'}
>>> print(A.intersection(B))  # 使用集合方法 intersection() 获取交集
{'羽毛球', '乒乓球'}
```

### 3. 差集

由属于集合 $A$ 但不属于集合 $B$ 中的元素所组成的集合称为集合 $A$ 和 $B$ 的差集，数学表达式为 $A - B = \{x \mid x \in A, x \notin B\}$。反过来，也有差集 $B - A = \{x \mid x \in B, x \notin A\}$。差集与集合 $A$ 和 $B$ 之间的关系如图 3-4 所示，其中阴影部分即差集 $A - B$。

除学生 A、B 都喜欢的运动项目外，若需要知道学生 A 还喜欢哪些项目，可以通过求差集 $A - B$ 来获取。在 Python 中可以使用减号 "−" 或集合方法 difference() 求出两个集合的差集，如代码 3-43 所示。

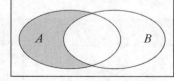

图 3-4　差集与集合 $A$ 和 $B$ 之间的关系

代码 3-43　求差集

```
>>> print(A - B)  # 使用减号 "−" 获取差集
{'游泳', '足球'}
>>> print(A.difference(B))  # 使用集合方法 difference() 获取差集
{'游泳', '足球'}
```

### 4. 异或集

由属于集合 $A$ 或集合 $B$ 但不同时属于集合 $A$ 和 $B$ 的元素所组成的集合，称为集合 $A$ 和 $B$ 的异或集，其相当于 $(A \cup B) - (A \cap B)$。异或集与集合 $A$ 和 $B$ 之间的关系如图 3-5 所示，其中阴影部分即异或集。

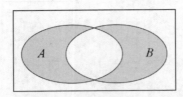

图 3-5　异或集与集合 A 和 B 之间的关系

通过求得例子中集合 A 和 B 的异或集，可以得知两个学生喜欢的运动项目哪些不相同。在 Python 中可以使用符号"^"或集合方法 symmetric_difference()求出两个集合的异或集，如代码 3-44 所示。

代码 3-44　求异或集

```
>>> print(A ^ B)  # 使用符号"^"获取异或集
{'游泳', '篮球', '足球', '排球'}
>>> print(A.symmetric_difference(B))  # 使用集合方法 symmetric_difference()获取
异或集
{'游泳', '篮球', '足球', '排球'}
```

除求并集、交集、差集、异或集 4 种基本集合运算外，集合之间的关系也是非常重要的。两个集合之间通常存在子集、真子集、超集、真超集等关系，它们揭示了集合之间的包含关系。例如，现在知道学生 C 喜欢的运动项目为{'足球', '乒乓球', '游泳'}，要想大致知道学生 A 是否比学生 C 的体育爱好更广泛，此时可以使用集合关系进行判断。在 Python 中判断集合关系的常用方法和符号如表 3-7 所示。

表 3-7　判断集合关系的常用方法和符号

| 方法和符号 | 说　　明 |
| --- | --- |
| <= 或 issubset() | 判断一个集合是否为另一个集合的子集，即判断是否有 $A \subseteq B$ 的关系。如果是，那么集合 A 中所有元素都是集合 B 中的元素 |
| < | 判断一个集合是否为另一个集合的真子集，即判断是否有 $A \subset B$ 的关系。如果是，那么集合 B 中除了包含集合 A 中的所有元素，还包含集合 A 中没有的其他元素 |
| >= 或 issuperset() | 判断一个集合是否为另一个集合的超集，即判断是否有 $A \supseteq B$ 的关系。如果是，那么集合 A 包含集合 B 中的所有元素 |
| > | 判断一个集合是否为另一个集合的真超集，即判断是否有 $A \supset B$ 的关系。如果是，那么集合 A 除了包含集合 B 中的所有元素，还包含集合 B 中没有的其他元素 |

表 3-7 列举的方法和符号的应用示例如代码 3-45 所示。

代码 3-45　判断集合关系的方法和符号的应用

```
>>> C = {'足球', '乒乓球', '游泳'}
>>> print(C <= A)  # 判断子集
True
>>> print(C.issubset(A))  # 使用 issubset()方法判断子集
True
>>> print(C < A); print(A < A)  # 判断真子集
True
False
>>> print(A >= C)  # 判断超集
True
>>> print(A.issuperset(C))  # 使用 issuperset()方法判断超集
True
>>> print(A > C); print(C > C)  # 判断真超集
True
False
```

### 3.5.3　集合常用方法和函数

　　集合类型数据结构分为可变集合与不可变集合两种。与其他可变数据型数据对象一样，可变集合对象也可以进行元素的增添、删除、查询等处理，相关常用方法和函数如表 3-8 所示。

表 3-8　可变集合常用方法和函数

| 方法和函数 | 说　　明 |
| --- | --- |
| add()方法 | 向可变集合中增添一个元素 |
| update()方法 | 向可变集合中增添其他集合的元素，即合并两个集合 |
| pop()方法 | 删除可变集合中的一个元素，当集合对象是空集时，返回错误 |
| remove()方法 | 删除可变集合中指定的一个元素 |
| clear()方法 | 清空可变集合中的所有元素，返回空集 |
| len 函数 | 获取集合中元素的个数 |
| copy()方法 | 复制可变集合的内容并创建一个副本对象 |

　　表 3-8 列举的方法和函数的应用示例如代码 3-46 所示。

代码 3-46　可变集合常用操作

```
>>> myset4 = {'red', 'green', 'blue', 'yellow'}
```

```
>>> myset4_copy = myset4.copy()    # 创建一个集合副本对象
>>> others = {'black', 'white'}
>>> # 可变集合增添元素
>>> myset4.add('orange')    # 使用 add()方法增添元素
>>> myset4.update(others)    # 使用 update()方法合并两个集合
>>> print(myset4)
{'black', 'green', 'yellow', 'orange', 'white', 'blue', 'red'}
>>> # 删除可变集合元素
>>> print(myset4.pop())    # 使用 pop()方法从集合中删除一个元素
'black'
>>> print(myset4)    # 查看删除元素后的集合内容
{'green', 'yellow', 'orange', 'white', 'blue', 'red'}
>>> myset4.remove('yellow')    # 使用 remove()方法删除指定元素
>>> myset4_copy.clear()    # 使用 clear()方法将副本对象内容清空
>>> print(myset4_copy)
set()
>>> print(len(myset4))    # 使用 len 函数获取集合元素个数
5
```

通过对本节内容的学习，读者可以体验到使用 Python 处理集合的便利性，只需熟练掌握前面介绍的集合运算和常用集合方法及函数，便能简单而轻松地向集合中存储数据和挖掘集合数据中的某些信息。

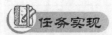

【任务 3-4】实现学生选课信息查询

 任务描述

为了准确把握学生对 Python 和 C 语言这两种流行计算机语言的学习兴趣和选课偏好，某班级精心设计并创建了一份详尽的学生选课信息表，数据信息如表 3-9 所示。这份表格详细记录了学生对两门课程的选择情况，为教学团队提供了宝贵的数据支持。

表 3-9　学生选课信息

| Python | 张三 | 李四 | 王五 | 赵六 | 钱七 | 李雷 | 韩梅梅 |
| --- | --- | --- | --- | --- | --- | --- | --- |
| C 语言 | 赵六 | 李四 | 麦克 | 张三 | 韩梅梅 | 李莉 | 钱七 |

任务实现

根据任务描述，本任务的具体实现步骤如下。

（1）创建集合 Python_Course 和 C_Course，分别用于存储选择了 Python 和 C 语言课程的学生的名字，参考代码如任务实现 3-12 所示。

### 任务实现 3-12　创建集合

```
>>> # 创建集合 Python_Course 和 C_Course
>>> Python_Course = {'张三', '李四', '王五', '赵六', '钱七', '李雷', '韩梅梅'}
>>> C_Course = {'赵六', '李四', '麦克', '张三', '韩梅梅', '李莉', '钱七'}
```

（2）使用 add() 方法向集合 C_Course 中添加元素"王五"，使用 remove() 方法删除集合 Python_Course 中的元素"王五"，并查看修改后的结果，参考代码如任务实现 3-13 所示。

### 任务实现 3-13　修改集合信息

```
>>> # 修改集合信息
>>> C_Course.add('王五')
>>> Python_Course.remove('王五')
>>> print(Python_Course)
{'赵六', '张三', '李雷', '钱七', '李四', '韩梅梅'}
>>> print(C_Course)
{'李莉', '赵六', '张三', '李四', '钱七', '王五', '麦克', '韩梅梅'}
```

（3）使用 Python 中的交集运算筛选出同时选择了 Python 和 C 语言课程的学生，参考代码如任务实现 3-14 所示。

### 任务实现 3-14　筛选出同时选择了 Python 和 C 语言课程的学生

```
>>> # 筛选出同时选择了 Python 和 C 语言课程的学生
>>> print(Python_Course & C_Course)
{'钱七', '赵六', '张三', '韩梅梅', '李四'}
```

（4）使用差集运算筛选出选择了 Python 但没有选择 C 语言课程的学生，参考代码如任务实现 3-15 所示。

### 任务实现 3-15　筛选出选择了 Python 但没有选择 C 语言课程的学生

```
>>> # 筛选出选择了 Python 但没有选择 C 语言课程的学生
>>> print(Python_Course - C_Course)
{'李雷'}
```

（5）使用并集运算和 len 函数计算选课总人数，参考代码如任务实现 3-16 所示。

### 任务实现 3-16　计算选课总人数

```
>>> # 选课总人数
>>> print(len(Python_Course | C_Course))
9
```

通过对学生选课信息的分析可知，选课总人数为 9 人。其中同时选择了 Python 和 C 语言课程的学生人数较多，单独选择 Python 的学生人数较少。教学团队可以基于这些情况针对性地调整教学策略和课程内容。

## 单元小结

本章介绍了 Python 中的列表、元组、字典、集合这 4 种基本且重要的数据结构，并将这 4 种数据结构归结为序列、映射、集合 3 种 Python 基本数据结构类型，同时也根据是否可变的性质对其进行了分类。此外，还介绍了数据结构的特性、常用处理方法和函数等。

## 单元实训　构建并管理旅游日志数据结构

### 1. 实训要点
（1）掌握列表的创建和元素添加方法。
（2）掌握元组的创建和访问方法。
（3）掌握字典的创建和一些基本操作。

### 2. 需求说明
为了有效管理旅游数据，在单元 2 实训思路及步骤（1）（3）的基础上，通过结构化数据记录方式管理旅游数据，使用列表、元组和字典 3 种数据结构来存储和处理旅游中的各类信息。列表用于收集和更新活动类型，元组用于保存旅程的固定信息如出发日期和旅游地点，而字典用于整合地点、活动和预算等信息，形成详细的旅游计划。

### 3. 实训思路及步骤
（1）创建列表 activities，用于存储最初的活动类型：摄影、购物、品尝当地美食。
（2）基于单元 2 实训思路及步骤（1）中定义的 activity 变量，使用 append()方法将新增旅游地点添加到 activities 列表中，并输出 activities 列表。
（3）创建字符串变量 date，表示出发日期，格式为 YYYY-MM-DD。
（4）基于单元 2 实训思路及步骤（3）中定义的 location 变量和 date 变量，创建元组 trip_info，并输出 trip_info 元组。
（5）基于单元 2 实训思路及步骤（3）中定义的 location 变量和 budget 变量，以及 activities 列表，创建字典 travel_plan，并输出 travel_plan 字典。

## 单元测试

### 1. 选择题
（1）下列哪个选项不是 Python 的整型数据。（　　）
　　A. 88　　　　　B. 0x9a　　　　C. 0B1010　　　　D. 0E99
（2）下列数据类型无法在 Python 中进行索引操作的是（　　）。
　　A. 元组　　　　B. 列表　　　　C. 字符串　　　　D. 集合

（3）下列哪种数据类型不是 Python 常用的数据类型。（　　　）

    A. 列表　　　　　　B. 浮点型　　　　　C. 字典　　　　　　　D. char

（4）下列方法能够对列表 a = [1, 1, 2, 4, 2, 5, 6]实现元素去重操作的是（　　　）。

    A. list(set(a))　　　B. a.pop(0, 2)　　　C. a.remove(1)　　　D. a.remove(2)

（5）print((1,2,3)*2)的计算结果为（　　　）。

    A. (1,2,3)　　　　　B. (1,2,3,1,2,3)　C. (1,4,6)　　　　　D. (1,1,2,2,3,3)

（6）下列语句中无法成功创建字典的是（　　　）。

    A. dict1 = {}　　　　　　　　　　　　B. dict2 = { 3 : 5 }

    C. dict3 = {[1,2,3]: 'uestc '}　　　　　D. dict4 = {(1,2,3): 'uestc '}

（7）下列操作能够索引到列表 li = [ (1, 'a'), (2, 'b'), (3, 'c')] 中元素'b'的是（　　　）。

    A. li[2,2]　　　　　B. li[1][1]　　　　C. li[2][2]　　　　D. li[1,1]

（8）若要获取两个集合 $A$ 和 $B$ 的交集，在 Python 中应该使用（　　　）。

    A. A–B　　　　　　B. A & B　　　　　C. A | B　　　　　　D. A ^ B

（9）在 Python 中对两个集合对象实行操作 A | B，得到的结果是（　　　）。

    A. 并集　　　　　　B. 交集　　　　　　C. 差集　　　　　　　D. 异或集

（10）数据结构元组可以归类为（　　　）。

    A. 序列　　　　　　　　　　　　　　　B. 映射

    C. 可变数据类型　　　　　　　　　　　D. 不可变数据类型

### 2. 操作题

（1）利用 Python 中列表的相关操作，将列表 list_a = [1, 2, 3, 4, 5, 6]转换为[4, 'x', 'y', 9]。

（2）已知 list = [–3, 6, 3, 7, 5, –4, 10]，对该列表实现升序排序，并输出第 2 个元素值。

（3）利用 Python 中元组的相关操作，将元组 t = ("cat", "dog", "tiger", "human")反向输出。

（4）输出给定字典 dic = {'key1': 'value1', 'key2': 'value2', 'key3': 'value3'}中所有的键和值，且输出形式为单个换行输出的键值对。在字典尾部添加一个键值对 "key4': 'value4"，并修改字典中 "key1" 对应的值为 1。

（5）编写程序实现以下功能。

① 创建字典 d，包含的内容是 "'数学':101,'语文':202,'英语':203,'物理':204,'生物':206"。

② 向字典 d 中添加键值对 "'化学':205"。

③ 修改 "数学" 对应的值为 201。

④ 删除 "生物" 对应的键值对。

⑤ 输出字典 d 的全部信息。

### 3. 实践题

在大学中，学生可以根据自己的兴趣和需求选择不同的课程。某所大学提供了 4 门特色课程：中华民族共同体意识概论、数据会说话、数学文化和智能文明。以下是该学校的几位学生的选课情况，如表 3-10 所示。

表 3-10　学生选课情况

| 姓名 | 课程 |
| --- | --- |
| 张三 | 智能文明 |
| 李四 | 数学文化、智能文明 |
| 王五 | 中华民族共同体意识概论、数据会说话 |
| 王二麻 | 数据会说话、数学文化 |
| 刘小明 | 中华民族共同体意识概论、智能文明 |

　　为了方便管理，需创建一个学生选课信息字典，用于记录每位学生选修的课程，具体操作如下。

　　（1）初始化一个课程列表，用于存放 4 门特色课程的名称。

　　（2）创建学生选课信息空字典。

　　（3）根据表 3-10 所示的学生选课情况和课程列表，向字典添加各学生的选课数据。

　　（4）输出某学生的选课情况。

# 单元 ❹ 程序流程控制语句

程序流程控制语句是程序语言的基础，也是编写程序需重点掌握的内容。掌握 Python 的程序流程控制语句的应用，可以实现机器算法的自编程及面向对象编程等。本单元主要介绍 Python 的选择结构、Python 的循环结构、Python 的选择结构和循环结构进阶用法，以及异常处理。

## 思维导图

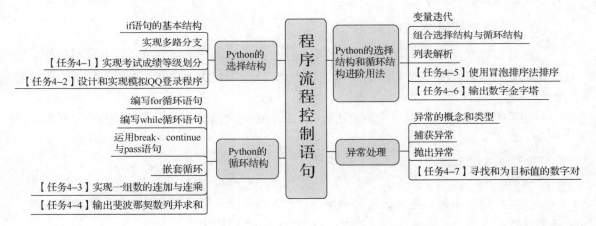

## 学习目标

（1）掌握 if、else 和 elif 语句的基本结构与用法。

（2）掌握 for 循环和 while 循环的基本结构与用法。

（3）掌握循环语句中常用的 range 函数、break 语句、continue 语句和 pass 语句的用法。

（4）掌握嵌套循环以及组合选择结构与循环结构。

（5）了解变量迭代。

（6）掌握列表解析的创建方法。

（7）了解异常的基本概念和类型。

（8）掌握 try、except、else、finally 语句的基本结构与用法。

（9）掌握 raise 语句和 assert 语句的基本结构与用法。

## 素养目标

（1）通过理解选择结构的逻辑，提高编程效率和代码的可读性，培养学生良好的逻辑思维。

（2）通过使用循环结构，提高程序的执行效率，减少重复工作，培养学生认识效率和创新的重要性，在学习和工作中寻找更高效、新颖的解决方案。

（3）通过学习异常处理，培养学生的问题解决能力，确保能够有效地处理异常情况，保证程序的稳定运行。

4.1 程序流程控制语句

## 4.1 Python 的选择结构

Python 的选择结构用于根据特定条件执行不同的代码块，包括 if 语句、elif 语句和 else 语句。选择结构使得程序能够实现多种逻辑控制，让程序更加智能和高效。

### 4.1.1 if 语句的基本结构

在日常教学过程中，老师通常需要根据学生的成绩进行等级划分。输入成绩，如果成绩在某成绩等级范围（如成绩等级 A 的范围是 90 分及以上）内，那么输出该成绩所属的成绩等级。

如果想通过 Python 程序实现上述过程，那么需要借助 if 语句，同时还需要用到布尔表达式，格式如下。

```
if 布尔表达式：
    代码块
```

注意，每个布尔表达式后面都要使用冒号，表示满足条件时要执行的代码块。另外，还需使用缩进划分代码块，相同缩进的语句组成一个代码块。

布尔表达式是指可以返回一个布尔值（或称为真值）的表达式。当将 False、None、0、""、()、[]、{}作为布尔表达式时，运行结果会直接返回 False，即标准值 False、None、0 和所有空序列都为 False，其余单个对象都为 True。

逻辑表达式是布尔表达式的一种，它指的是带逻辑运算符（如 and、or）或比较运算符（如>、==）的表达式，其返回值是 False 或 True。使用逻辑表达式实现判断，如代码 4-1 所示。

代码 4-1　使用逻辑表达式实现判断

```
>>> score = 91
>>> print(score >= 90 and score <= 100)
True
>>> score = 91
>>> if score >= 90 and score <= 100:
```

```
...      print('本次考试，成绩等级为：A')
本次考试，成绩等级为：A
```

由代码 4-1 可知，程序只对成绩进行了一次判断，当条件满足时返回 True，并输出结果 "本次考试，成绩等级为：A"。

### 4.1.2　实现多路分支

4.1.1 小节介绍了 if 语句的基本结构。使用 if 语句还能够实现多路分支，其中有且只有一条分支会被执行，这和日常语言中的"如果"相似。程序通常是按顺序逐条执行语句的，通过 if、elif 与 else 语句，可以让程序有选择性地执行。使用 if 语句实现多路分支的一般格式如下。

```
if 布尔表达式 1:
    分支语句 1
elif 布尔表达式 2:
    分支语句 2
else:
    分支语句 3
```

程序会先计算布尔表达式 1，如果结果为 True，那么执行分支语句 1；如果为 False，那么计算布尔表达式 2，如果布尔表达式 2 的结果为 True，那么执行分支语句 2；如果结果仍然为 False，那么执行分支语句 3。if 语句实现多路分支如图 4-1 所示。

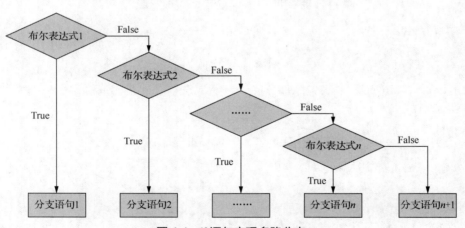

图 4-1　if 语句实现多路分支

如果只有两个分支，那么不需要用 elif 语句，直接用 else 语句即可。如果有更多的分支，那么需要添加更多的 elif 语句。Python 中没有 switch 和 case 语句，多路分支只能通过 if-elif-else 语句来实现。注意，整个分支结构中是有严格的缩进要求的，两个分支的示例如代码 4-2 所示。

代码 4-2　两个分支的示例

```
>>> score = 59
```

```
>>> if score < 60:
...     print('考试不及格')
... else:
...     print('考试及格')
考试不及格
```

【任务 4-1】实现
考试成绩等级划分

## 【任务 4-1】实现考试成绩等级划分

### 任务描述

为了对学生的学习表现进行细致的评估和反馈，可以采用一个考试成绩等级划分机制。对输入的学生考试成绩进行成绩等级划分：成绩 ≥90，则成绩等级为 A；80≤成绩＜90，则成绩等级为 B；70≤成绩＜80，则成绩等级为 C；60≤成绩＜70，则成绩等级为 D；成绩＜60，则成绩等级为 E。考试成绩等级划分旨在激励学生追求更高的学习成绩，同时也为教师和家长提供了一种直观的评估工具，以监测学生的进步并指导其未来的学习方向。

### 任务实现

（1）创建 score 变量，用于存储使用 input 函数输入的成绩数据，参考代码如任务实现 4-1 所示。

任务实现 4-1　创建 score 变量

```
>>> # 获取用户输入
>>> score = int(input('请输入成绩：'))
请输入成绩：>? 98
```

（2）设置 if-elif-else 语句，添加分支，判断成绩等级并输出成绩等级，参考代码如任务实现 4-2 所示。

任务实现 4-2　设置 if-elif-else 语句

```
>>> # 根据成绩输出相应的成绩等级
>>> if score >= 90:
...     print('本次考试，成绩等级为：A')
... elif score >= 80:
...     print('本次考试，成绩等级为：B')
... elif score >= 70:
...     print('本次考试，成绩等级为：C')
... elif score >= 60:
...     print('本次考试，成绩等级为：D')
... else:
...     print('本次考试，成绩等级为：E')
本次考试，成绩等级为：A
```

通过编写代码实现考试成绩等级划分，不仅可提高对学生的学习表现的评估的效率和准确性，还可确保评估过程的公正性和一致性。

## 【任务 4-2】设计和实现模拟 QQ 登录程序

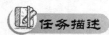

在现代数字生活中，个人信息安全已成为每个人必须关注的重要议题。随着网络技术的不断发展和普及，用户的数据隐私和账户安全越来越容易受到威胁。为了增强读者对个人信息安全的认知，本任务使用选择结构设计和实现模拟 QQ 登录程序：若用户名和密码都输入正确，则提示登录成功；若用户名和密码有一个输入不正确或两者都不正确，则提示错误。在本任务中，需要创建两个变量分别用于存储设置的用户名和密码，变量类型分别为字符型和整型。当输入用户名和密码时，利用选择结构判断输入的用户名和密码是否与设置的用户名和密码一致。

### 任务实现

（1）创建变量 user 和 root，分别用于存储设置的用户名和密码，参考代码如任务实现 4-3 所示。

**任务实现 4-3　创建 user 变量和 root 变量**

```
>>> # 使用选择结构设计和实现模拟 QQ 登录程序
>>> user = 'name'  # 设置用户名
>>> root = 123456  # 设置密码
```

（2）使用 input 函数获取输入的用户名和密码，参考代码如任务实现 4-4 所示。

**任务实现 4-4　输入用户名和密码**

```
>>> name = input('name: ')  # 获取输入的用户名
name: >? name
>>> password = int(input('password: '))  # 获取输入的密码
password: >? 123456
```

（3）使用选择结构实现当输入的用户名和密码与设置的用户名和密码不一致时，输出错误提示（"用户名错误""密码错误"或"用户名和密码错误"），参考代码如任务实现 4-5 所示。

**任务实现 4-5　输出错误提示**

```
>>> if name != user and password != root:  # 用户名和密码都不正确
...     print('用户名和密码错误')
... elif name != user:  # 用户名不正确
...     print('用户名错误')
... elif password != root:  # 密码不正确
```

```
...    print('密码错误')
```

（4）当输入的用户名和密码都正确时，输出"登录成功"的提示，参考代码如任务实现 4-6 所示。

### 任务实现 4-6　提示登录成功

```
... else:
...    print('登录成功')
登录成功
```

通过设计和实现模拟 QQ 登录程序，读者不仅可以体验 QQ 登录过程，还能增强对个人信息安全的认知，提高网络安全防护意识。

## 4.2　Python 的循环结构

一般情况下，程序都是按顺序逐条执行语句的。如果要让程序重复地做一件事情，那么只能重复地写相同的代码，操作比较烦琐。为解决此问题，一个重要的方法——循环结构，应运而生。

### 4.2.1　编写 for 循环语句

在 Python 中，for 循环是一个通用的序列迭代器，可以遍历任何有序的序列，如字符串、列表、元组等。

Python 中的 for 循环接收可迭代对象作为其参数，每次循环可以调取其中的一个元素。使用 for 循环的基本格式如下。

```
for 迭代变量 in 字符串|列表|元组|字典|集合:
    代码块
```

在上面的格式中，迭代变量用于接收每次迭代元素的变量，所以一般不会在循环中对迭代变量进行手动赋值；代码块指的是具有相同缩进格式的单行或多行代码。Python 的 for 循环的架构看上去与伪代码十分相似，整个架构简洁明了。为进一步说明其原理，接下来将使用 for 循环分别对列表元素和字符串进行遍历，如代码 4-3 所示。

### 代码 4-3　使用 for 循环分别对列表元素和字符串进行遍历

```
>>> for a in ['e', 'f', 'g']:
...    print(a)
e
f
g
>>> for a in 'string':
...    print(a)
s
```

```
t
r
i
n
g
```

　　如果希望 Python 的 for 循环能够像 C 语言的 for 循环那样进行循环，则需要一个数字序列，可以使用 range 函数快速构造一个数字序列。例如，使用 range(5)或 range(0,5)可以构造数字序列[0,1,2,3,4]。注意，这里的两个序列包括 0，但不包括 5。

　　在 Python 中，for i in range(5)的执行效果和 C 语言中 for(i=0;i<5;i++)的执行效果相同。range(a,b)能够返回列表[a,a+1,…,b-1]（注意不包含 b），这样 for 循环即可从任意起点开始，在任意终点结束。range 函数经常和 len 函数配合，用于遍历整个序列。len 函数能够返回序列的长度，for i in range(len(L))能够迭代整个列表 L 的元素索引。虽然直接使用 for 循环也可以实现这样的效果，但是直接使用 for 循环难以对序列元素进行修改，因为每次迭代调取的元素并不是序列元素的引用。而配合使用 range 函数和 len 函数可以快速通过索引访问序列元素并对其进行修改，如代码 4-4 所示。

**代码 4-4　range 函数和 len 函数的使用**

```
>>> for i in range(0, 5):
...     print(i)
0
1
2
3
4
>>> for i in range(0, 6, 2):
...     print(i)
0
2
4
>>> # 直接使用 for 循环难以修改序列元素
>>> L = [1, 2, 3]
>>> for a in L:
...     a+=1  # a 不是引用，L 中对应的元素没有发生改变
>>> print(L)
[1, 2, 3]
>>> # 结合 range 与 len 函数来遍历序列并修改元素
>>> for i in range(len(L)):
```

```
...    L[i] += 1  # 通过索引访问
>>> print(L)
[2, 3, 4]
```

### 4.2.2  编写 while 循环语句

　　while 循环也是最常用的循环之一，其格式如下。

```
while 布尔表达式:
    代码块
```

　　只要布尔表达式结果为 True，代码块就会被执行；执行完毕后，再次计算布尔表达式，若结果仍然为 True，则再次执行代码块，直至布尔表达式结果为 False。while 循环如图 4-2 所示。

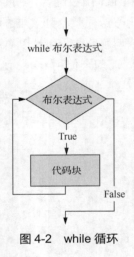

图 4-2　while 循环

　　while 循环计数的示例如代码 4-5 所示。

代码 4-5　while 循环计数

```
>>> s = 0
>>> while s <= 1:
...    print('计数: ', s)
...    s = s + 1
计数: 0
计数: 1
```

　　由代码 4-5 可知，当 s 的值小于等于 1 时，输出 s。这里的结果循环到 1，一共输出了两次计数结果。

　　当布尔表达式结果一直为 True 时，代码块将进行无限次循环，如代码 4-6 所示。

代码 4-6　无限次循环

```
>>> s = 1
```

```
>>> while s <= 1:
...    print('无限次循环')
无限次循环
无限次循环
...
```

对于代码 4-6 中的无限次循环，可以按 "Ctrl+C" 组合键跳出。此外，还有两个重要的语句 continue、break 可用于跳出循环。continue 语句用于跳出本次循环，break 语句则用于终止循环。continue 语句和 break 语句的相关知识将在 4.2.3 小节进行讲解。

### 4.2.3　运用 break、continue 与 pass 语句

#### 1. break 语句

break 语句在 while 和 for 循环中用于终止循环，即使布尔表达式不为 False 或序列还未被完全遍历，也会终止循环语句。如果将 break 语句用在嵌套循环中，它可以终止最深层的循环，并开始执行下一行代码。

在 while 和 for 循环中使用 break 语句的示例如代码 4-7 所示。

代码 4-7　break 语句的使用

```
>>> s = 0
>>> while True:
...    s += 1
...    if s == 6:  # 满足 s 等于 6 的时候终止循环
...        break
>>> print(s)
6
>>> for i in range(0,10):
...    print(i)
...    if i == 1:  # 当 i 等于 1 的时候终止循环
...        break
0
1
```

由代码 4-7 可知，break 语句是直接终止整个循环。在 while 循环中，当 s 等于 6 时，终止整个循环。在 for 循环中，当 i 等于 1 时，终止整个循环。

#### 2. continue 语句

与 break 语句不同，continue 语句的作用是跳过本次循环。continue 语句用于告诉程序跳过本次循环的剩余语句，继续进行下一次循环。continue 语句同样可用于 while 和 for 循环中，应用示例如代码 4-8 所示。

代码 4-8  continue 语句的使用

```
>>> s = 3
>>> while s > 0:
...    s = s - 1
...    if s == 1:  # 当 s 等于 1 时跳过本次循环
...        continue
...    print(s)
2
0
>>> for i in range(0, 3):
...    if i == 1:  # 当 i 等于 1 时跳过本次循环
...        continue
...    print(i)
0
2
```

由代码 4-8 可知，在 while 循环中，当 s 等于 1 时，直接跳过本次循环，继续进行下一次循环。for 循环也与此类似。

**3．pass 语句**

pass 语句是空语句，它的作用是保持程序结构的完整性。pass 语句不做任何事情，一般用作占位语句。pass 语句的示例如代码 4-9 所示。

代码 4-9  pass 语句的使用

```
>>> for i in range(0, 3):
...    if i == 1:
...        pass
...        print('pass 块')
...    print(i)
0
pass 块
1
2
```

由代码 4-9 可知，pass 语句在输出结果 0 和 1 之间用于占位，此外不做任何事情。

### 4.2.4  嵌套循环

顾名思义，嵌套循环就是在一个循环中嵌入另一个循环。Python 是允许在一个循环中嵌入另一个循环的。例如，可以在 for 循环中嵌入另一个 for 循环，也可以在 for 循环中嵌入 while 循环，还可以在 while 循环中嵌入 for 循环，当然，也可以在 while 循环中嵌入 while 循环。

for 循环与 for 循环的嵌套示例如代码 4-10 所示。

代码 4-10　for 循环与 for 循环的嵌套

```
>>> for r in range(3):
...     for c in range(5):
...         print("*", end='')  # 在同一行输出
...     print()  # 换行
*****
*****
*****
```

由代码 4-10 可知，利用嵌套循环可以输出 3 行 5 列的*。

while 循环与 for 循环的嵌套示例如代码 4-11 所示。

代码 4-11　while 循环与 for 循环的嵌套

```
>>> for i in range(0, 11):
...     while(i > 8):
...         print(i * 10)
...         break
90
100
```

由代码 4-11 可知，利用嵌套循环可以在 $8<i<11$ 时，输出 $i$ 乘 10 的值。

## 【任务 4-3】实现一组数的连加与连乘

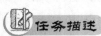 **任务描述**

【任务 4-3】实现一组数的连加与连乘

在数学中，经常需要计算一系列数字的和或积，如计算从 1 加到 10 的和或计算从 1 乘到 10 的积。本任务将使用循环结构实现一组数的连加与连乘。

**任务实现**

根据任务描述，本任务的具体实现步骤如下。

（1）创建一个包含数字 1~10 的列表 vec，参考代码如任务实现 4-7 所示。

任务实现 4-7　创建列表

```
>>> vec = [1, 2, 3, 4, 5, 6, 7, 8, 9, 10]
```

（2）创建一个赋值为 0 的变量 $m$，并编写 for 循环语句，实现列表 vec 中的数据连加，参考代码如任务实现 4-8 所示。

任务实现 4-8　加法运算

```
>>> # 连加
>>> m = 0
>>> for i in vec:
...     m = m + i
>>> print(m)
55
```

（3）创建一个赋值为 1 的变量 *n*，编写 for 循环语句，实现列表 vec 中的数据连乘，参考代码如任务实现 4-9 所示。

任务实现 4-9　乘法运算

```
>>> # 连乘
>>> n = 1
>>> for i in vec:
...     n =n * i
>>> print(n)
3628800
```

通过编程实践，读者不仅能够更好地理解数字间的关联，提升数学运算的熟练度，还能增强逻辑思维能力和解决问题的能力。

## 【任务 4-4】输出斐波那契数列并求和

 任务描述

斐波那契数列又称黄金分割数列，数列前两项都是 1，从第 3 项开始，之后每一项都是前两项之和。斐波那契数列以其在数学、计算机科学和自然界中的普遍存在而闻名，如兔子繁殖、植物叶子的排列、蜗牛壳的螺旋形状等。斐波那契数列公式如式（4-1）所示。

$$F_1 = F_2 = 1, F_n = F_{n-1} + F_{n-2} \quad (n \geqslant 3, n \in \mathrm{N}^+) \tag{4-1}$$

本任务将使用 while 循环，输出斐波那契数列的前 16 项，并使用 sum 函数对数列的前 16 项进行求和。数列输出类型为列表，求和数值输出类型为整型。

任务实现

根据任务描述，本任务的具体实现步骤如下。

（1）创建变量 *fib_a* 和 *fib_b*，分别用于斐波那契数列前两项的计算，并设置变量的初始值为 1，参考代码如任务实现 4-10 所示。

任务实现 4-10　创建变量

```
>>> fib_a = 1
>>> fib_b = 1
```

（2）创建列表 fibonaccia_seq，并设置列表的初始值为[1,1]，参考代码如任务实现 4-11 所示。

### 任务实现 4-11　创建列表

```
>>> fibonaccia_seq = [1, 1]  # 创建初始斐波那契数列列表，并设置前两位数为 1
```

（3）创建计数器 i，并设置计数器的初始值为 0，参考代码如任务实现 4-12 所示。

### 任务实现 4-12　创建计数器

```
>>> i = 0  # 创建计数器
```

（4）创建 while 循环，设置计数器 i 的迭代范围为小于 14，参考代码如任务实现 4-13 所示。

### 任务实现 4-13　创建 while 循环

```
>>> while i < 14:
```

（5）根据斐波那契数列公式对数列进行计算，并将计算结果依次添加至 fibonaccia_seq 列表中，参考代码如任务实现 4-14 所示。

### 任务实现 4-14　编写计算公式

```
...     fib_c = fib_a + fib_b  # 根据斐波那契数列公式计算斐波那契数列
...     fib_a = fib_b
...     fib_b = fib_c
...     fibonaccia_seq.append(fib_c)  # 将计算结果依次添加至 fibonaccia_seq 列表中
```

（6）计数器迭代次数加 1，参考代码如任务实现 4-15 所示。

### 任务实现 4-15　计数器的迭代次数增加

```
...     i += 1  # 计数器迭代次数加 1
```

（7）根据输出格式输出 fibonaccia_seq 列表，参考代码如任务实现 4-16 所示。

### 任务实现 4-16　根据输出格式输出 fibonaccia_seq 列表

```
>>> print('斐波那契数列为：', fibonaccia_seq)  # 根据输出格式输出 fibonaccia_seq 列表
斐波那契数列为： [1, 1, 2, 3, 5, 8, 13, 21, 34, 55, 89, 144, 233, 377, 610, 987]
```

（8）使用 sum 函数对 fibonaccia_seq 列表进行求和，并输出求和数值，参考代码如任务实现 4-17 所示。

### 任务实现 4-17　对列表求和

```
>>> print('该数列的求和数值为：', sum(fibonaccia_seq))  # 输出斐波那契数列求和数值
该数列的求和数值为： 2583
```

通过对斐波那契数列的研究和编程实践，读者不仅可以掌握该数列的生成规则，还可以加深对递推关系的理解，并提高编程能力和数学应用能力。

Python 的选择结构和循环结构进阶用法

在 Python 编程中，选择结构和循环结构是实现复杂逻辑和高效数据处理的关键。选择结构和循环结构除了基本用法之外，还有变量迭代、组合选择结构与循环结构、列表解析式等进阶用法，这些进阶用法能够更高效地处理复杂的数据结构。

### 4.3.1 变量迭代

给定一个列表或元组，如果通过 for 循环可以遍历这个列表或元组，那么将这种遍历称为迭代（iteration）。在 Python 中，迭代是通过 for…in…语句来完成的。Python 的 for 循环不仅可以用于列表或元组，还可以用于其他可迭代对象。列表和元组数据类型有索引，但很多其他数据类型是没有索引的，只要是可迭代对象，无论是否有索引，都可以进行迭代。字典的迭代示例如代码 4-12 所示。

代码 4-12　字典的迭代

```
>>> d = {'a': 1, 'b': 2, 'c': 3}
>>> for key in d:
...     print(key)
a
b
c
```

在代码 4-12 中，因为字典的元素存储不是像列表元素那样按照顺序存储的，所以迭代出的结果顺序可能和原顺序不一样。

在 Python 中，使用 for 循环同时引用两个变量的示例如代码 4-13 所示。

代码 4-13　for 循环同时引用两个变量

```
>>> for x, y in [(1, 1), (2, 4), (3, 9)]:
...     print(x, y)
1 1
2 4
3 9
```

除此之外，还可以使用 for 循环同时引用 3 个变量，具体示例如代码 4-14 所示。

代码 4-14　for 循环同时引用 3 个变量

```
>>> for x, y, z in [(1, 2, 3), (4, 5, 6), (7, 8, 9)]:
...     print(x, y, z)
1 2 3
4 5 6
7 8 9
```

### 4.3.2 组合选择结构与循环结构

在循环结构中放入选择结构，可以使循环实现更多的功能。for 循环与选择结构的组合应用示例如代码 4-15 所示。

代码 4-15 for 循环与选择结构的组合

```
>>> for x in range(10, 15):  # 迭代 10～14 的数字
...    for i in range(2, x):  # 根据因子迭代
...        if x % i == 0:  # 确定第 1 个因子
...            j = x / i  # 计算第 2 个因子
...            print('%d 等于 %d * %d' % (x, i, j))
...            break  # 终止当前循环
...    else:  # 循环的 else 部分
...        print(x, '是一个质数')
...
10 等于 2 * 5
11 是一个质数
12 等于 2 * 6
13 是一个质数
14 等于 2 * 7
```

代码 4-15 使用 for 循环和 if 语句判断数据是否为质数并输出结果。if 语句后面的表达式的意思是判断 $x$ 对 $i$ 求余的结果是否为 0，当结果为 0 时，$x$ 就不是质数，否则 $x$ 是质数。

while 循环与选择结构的组合应用示例如代码 4-16 所示。

代码 4-16 while 循环与选择结构的组合

```
>>> count = 0
>>> while count < 5:
...    if count > 3:
...        print(count ** 2)
...    else:
...        print(count)
...    count = count + 1
0
1
2
3
16
```

由代码 4-16 可知，在 while 循环中设置选择结构，当 count 大于 3 时，输出 count 的平

方。该代码中并没有添加相应的注释，可能会影响代码的可读性，此时可利用 AIGC 工具生成代码注释，以提高代码的可读性，如图 4-3 所示。

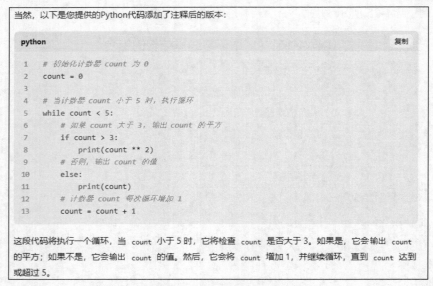

图 4-3　利用 AIGC 工具生成代码注释

### 4.3.3　列表解析

列表解析也可以称为列表推导式，是一种高效创建新列表的方式，可以用于动态创建列表。列表解析示例如代码 4-17 所示。

代码 4-17　列表解析示例

```
>>> print([x ** 3 for x in range(6)])   # 计算 x 的 3 次幂
[0, 1, 8, 27, 64, 125]
>>> seq = [1, 2, 3, 4, 5, 6, 7, 8]
>>> print([x for x in seq if x % 2])   # 当 x 除以 2 余数为 1 时取值
[1, 3, 5, 7]
```

由代码 4-17 可知，列表解析的形式简单。

使用列表解析实现嵌套循环语句的示例如代码 4-18 所示。

代码 4-18　使用列表解析实现嵌套循环语句

```
>>> print([(i, j) for i in range(0, 3) for j in range(0, 3)])
[(0, 0), (0, 1), (0, 2), (1, 0), (1, 1), (1, 2), (2, 0), (2, 1), (2, 2)]
>>> print([(i, j) for i in range(0, 3) if i < 1 for j in range(0, 3) if j > 1])
[(0, 2)]
```

由代码 4-18 可知，列表解析不仅可以运用到嵌套循环中，而且可以在其中增加条件判断语句。使用列表解析创建新列表的效率更高，且代码更加简洁。

## 【任务4-5】使用冒泡排序法排序

【任务4-5】使用
冒泡排序法排序

冒泡排序法是一种简单的排序算法，它重复地遍历待排序的数列元素，依次比较两个元素的大小，如果它们的大小顺序错误，就把两个元素的位置进行交换。遍历数列的工作是重复进行的，直到没有需要交换位置的元素为止。本任务将组合使用程序流程控制语句中的选择结构和循环结构，实现使用冒泡排序法对数据进行排序。

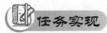

根据任务描述，本任务的具体实现步骤如下。

（1）创建列表 mppx，用于存储待排序的元素，参考代码如任务实现 4-18 所示。

### 任务实现 4-18　创建列表

```
>>> mppx = [1, 8, 2, 6, 3, 9, 4, 12, 0, 56, 45]
```

（2）编写 for 循环与 for 循环的嵌套循环，外循环 i 的取值为 range(len(mppx))，内循环 j 的取值为 range(i+1)，参考代码如任务实现 4-19 所示。

### 任务实现 4-19　编写嵌套循环

```
>>> for i in range(len(mppx)):
...     for j in range(i + 1):
```

（3）设置选择结构，当列表中的后一个元素比前一个元素小时，将它们的位置互换，参考代码如任务实现 4-20 所示。

### 任务实现 4-20　设置选择结构

```
...         if mppx[i] < mppx[j]:
...             mppx[i], mppx[j] = mppx[j], mppx[i]   # 实现两个元素位置的互换
```

（4）输出冒泡排序后的结果，参考代码如任务实现 4-21 所示。

### 任务实现 4-21　输出冒泡排序后的结果

```
>>> print(mppx)
[0, 1, 2, 3, 4, 6, 8, 9, 12, 45, 56]
```

## 【任务4-6】输出数字金字塔

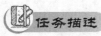

数字金字塔是一种展现数学之美的经典图案，它由递增和递减的数字序列构成，形成独特的对称结构，数字金字塔示例如图 4-4 所示。每一层数字的排列都体现了层次性与对称性，使整个图案呈现出金字塔的形状，让人们直观地感受到数字的变化和图案的形成。

```
            1
         2 1 2
       3 2 1 2 3
     4 3 2 1 2 3 4
```

图 4-4　数字金字塔示例

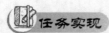任务实现

根据任务描述，本任务的具体实现步骤如下。

（1）使用 input 函数设置输入语句，输入数字，代表最终数字金字塔的层数，参考代码如任务实现 4-22 所示。

### 任务实现 4-22　设置输入语句

```
>>> num = int(input('输入一个整数:'))
输入一个整数:>? 4
```

（2）输出提示信息，参考代码如任务实现 4-23 所示。

### 任务实现 4-23　输出提示信息

```
>>> print('数字金字塔显示如下:')
数字金字塔显示如下:
```

（3）创建变量 *level*，用于存储金字塔的层数，参考代码如任务实现 4-24 所示。

### 任务实现 4-24　创建 level 变量

```
>>> level = 1   #层数计数器
```

（4）编写嵌套循环，在外循环中创建变量 *kk* 用于存放每层的长度，设置变量 *t* 等于 *level*，设置变量 *length* 存放 $2*t-1$，参考代码如任务实现 4-25 所示。

### 任务实现 4-25　编写外循环

```
>>> while level <= num:
...     kk = 1   # 初始化每层长度计数器
...     t = level   # 用于在每层中输出数字
...     length = 2 * t - 1   # 计算每层的长度
```

（5）在内循环中划分 *kk* 等于 1 时与 *kk* 不等于 1 时的情况。当 *kk* 等于 1 时，再划分 *kk* 是否等于每层长度的情况，利用 format 函数设置公式来输出每层的第 1 个数字，参考代码如任务实现 4-26 所示。

### 任务实现 4-26　设置 *kk* 等于 1 时的语句

```
...     while kk <= length:
```

```
...         if kk == 1:    # 判断是否是每层的第 1 个数字
...             if kk == length:    # 当前层只有一个数字
...                 print(format(t, str(2 * num - 1) + 'd'), '\n')
...                 break
...             else:       # 当前层有多个数字
...                 print(format(t, str(2 * num + 1 - 2 * level) + 'd'), '',
...                     end = '')
...             t -= 1
```

（6）当 *kk* 不等于 1 时，再划分 *kk* 当前所处的迭代位置情况，输出每层的除第 1 个数字之外的其他数字，参考代码如任务实现 4-27 所示。

### 任务实现 4-27　设置 *kk* 不等于 1 时的语句

```
...         else:           # 处理除了每层第 1 个数字之外的其他数字
...             if kk == length:    # 当前层的最后一个数字
...                 print(t, '\n')
...                 break
...             elif kk <= length / 2:
...                 print(t, '', end = '')
...                 t -= 1
...             else:
...                 print(t, '', end = '')
...                 t += 1
```

（7）内循环内 *kk* 长度计数器加 1，外循环内 *level* 层数计数器加 1，参考代码如任务实现 4-28 所示。

### 任务实现 4-28　设置计数器加 1

```
...         kk += 1      # 长度计数器 kk 加 1
...     level += 1       # 层数计数器 level 加 1，准备输出下一层
```

（8）输出金字塔结果，参考代码如任务实现 4-29 所示。

### 任务实现 4-29　输出金字塔结果

```
    1

  2 1 2

 3 2 1 2 3

4 3 2 1 2 3 4
```

本任务通过编写代码，成功地实现了数字金字塔的自动生成，进一步探索了数学与编程的完美结合。在这个过程中，读者不仅可以加深对数字序列和对称性的理解，还能体验到将抽象的数学概念转化为具体可视化成果的乐趣。

## 4.4 异常处理

在编程过程中，错误和异常是难以避免的。Python 的异常处理机制提供了强大的工具来处理异常，确保程序能够正常运行。

### 4.4.1 异常的概念和类型

若在运行过程中发生错误，程序的执行将会被中断，并创建异常对象。异常是程序在正常流程控制以外采取的动作，当它被引发时，计算机将自动寻找异常处理程序，以帮助程序恢复正常运行。

要想保证程序正常运行，就需要排除错误，错误的出现可能是由语法导致的，也可能是由逻辑导致的。语法错误表明程序在结构上存在问题，可以在程序执行前加以纠正。逻辑错误则可能是因为缺少输入或输入不正确，某些情况下，也可能是因为由输入的内容无法生成预期的结果。一般情况下，逻辑错误是难以预防的，必须使用异常处理程序来应对。

计算机语言针对可能出现的错误定义了异常类型，当某种错误引发了对应的异常时，异常处理程序将会被启动，从而恢复程序的正常运行。Python 异常类型大致分为数值计算错误、操作系统错误、无效数据查询、Unicode 相关的错误和警告等几类，如表 4-1 所示。

表 4-1　Python 异常类型

| 异 常 名 | 说　　明 | 异 常 名 | 说　　明 |
|---|---|---|---|
| BaseException | 所有异常的基类 | RuntimeError | 一般的运行时异常 |
| Exception | 常规异常的基类 | NotImplementedError | 尚未实现的方法 |
| StandardError | 所有的内建标准异常的基类 | SyntaxError | 语法错误导致的异常 |
| ArithmeticError | 所有数值计算异常的基类 | IndentationError | 缩进错误导致的异常 |
| FloatingPointError | 浮点计算异常 | TabError | Tab 和空格混用 |
| OverflowError | 数值运算超出最大限制 | SystemError | 一般的解释器系统异常 |
| ZeroDivisionError | 除零异常 | TypeError | 对类型无效的操作 |
| AssertionError | 断言语句失败 | ValueError | 传入无效的参数 |
| AttributeError | 对象不包含某个属性 | UnicodeError | Unicode 相关的异常 |
| EOFError | 没有读取到文件结束标记（EOF，End of File） | UnicodeDecodeError | Unicode 解码错误导致的异常 |

续表

| 异 常 名 | 说 明 | 异 常 名 | 说 明 |
|---|---|---|---|
| EnvironmentError | 操作系统异常的基类 | UnicodeEncodeError | Unicode 编码错误导致的异常 |
| IOError | I/O（Input/Output，输入输出）操作失败 | UnicodeTranslateError | Unicode 转换错误导致的异常 |
| OSError | 操作系统异常 | Warning | 警告的基类 |
| WindowsError | 系统调用失败 | DeprecationWarning | 关于被弃用特征的警告 |
| ImportError | 导入模块/对象失败 | FutureWarning | 关于构造将来语义会有改变的警告 |
| KeyboardInterrupt | 用户中断执行 | UserWarning | 用户代码生成的警告 |
| LookupError | 无效数据查询的基类 | PendingDeprecationWarning | 关于特性将会被废弃的警告 |
| IndexError | 序列中没有此索引 | RuntimeWarning | 可疑的运行时行为（runtime behavior）的警告 |
| KeyError | 映射中没有对应键 | SyntaxWarning | 可疑的语法的警告 |
| MemoryError | 内存溢出异常 | ImportWarning | 导入模块过程中触发的警告 |
| NameError | 未声明/初始化对象 | UnicodeWarning | 与 Unicode 相关的警告 |
| UnboundLocalError | 访问未初始化的本地变量 | BytesWarning | 与字节或字节码相关的警告 |
| ReferenceError | 弱引用试图访问已被回收的对象 | ResourceWarning | 与资源使用相关的警告 |

异常体系内部还存在着层次关系，较低层次、更具细节的异常是某些高层次异常的子类，这些高层次异常被称为基类，子类和基类是相对的。Python 异常体系中的部分关系如图 4-5 所示。

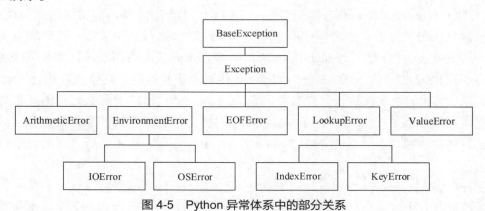

图 4-5　Python 异常体系中的部分关系

在图 4-5 中，越靠下的异常，其层次越低，细节也就越明显，但是它们总会有更高层次的基类。

### 4.4.2　捕获异常

在 Python 中普遍使用 try 语句处理异常，该语句一般包括 try、except、else、finally4 个部分，可以组成 try-except-else、try-except、try-except-finally 的形式。try 部分包含尝试执行的代码块，except 部分是特定异常的处理对策，else 部分在程序运行正常时执行，而 finally 部分则无论 try 部分是否产生异常都会执行。

处理异常的 try 语句可以被视为一种条件分支。与 if 语句的区别在于，try 语句并不包含布尔表达式，执行的流向也不取决于布尔表达式，它依赖于代码块能否执行，其内在逻辑和运行流程与 if 语句相似，符合条件分支的特征。try-except-else 语句的基本语法格式如下。

```
try:
    操作语句 1
except 错误类型 1 as error:
    操作语句 2
except 错误类型 2 as error:
    操作语句 3
else:
    操作语句 4
```

try-except-else 语句的参数说明如表 4-2 所示。

表 4-2　try-except-else 语句的参数说明

| 参　　数 | 说　　明 |
| --- | --- |
| 错误类型 | 接收 Python 异常名，表示符合该异常则执行下方操作语句，无默认值 |
| 操作语句 | 可执行的一段代码，无默认值 |

当执行 try-except-else 语句时，程序首先执行 try 代码块，即可能出错的试探性语句，从而试探该代码块是否会出现错误而导致程序无法继续执行。如果 try 代码块确实无法执行，那么可能会执行某个 except 代码块。执行 except 代码块的条件是，系统捕获的异常类型和该代码块标识的类型相符。如果 try 代码块正常执行，则会接着执行 else 代码块。如果 try 代码块无法执行且没有找到相应的 except 代码块，那么异常消息将被发送给程序调用端，如 Python Shell。Python Shell 对异常消息的默认处理是终止程序的执行并输出具体的出错信息，这也是在 Python Shell 中执行程序出错后所出现的出错信息的由来。

在 try 语句中，except 与 else 代码块都是可选的，except 代码块可以有 0 个或多个，else 代码块可以有 0 个或 1 个。但是需要注意，else 代码块的存在必须以 except 代码块的存在为前提，若在没有 except 代码块的 try 语句中使用 else 代码块，则会引发语法错误。except 代码块中的 as 关键字用于将捕获的异常对象赋值给 error。

当 try 语句中没有 else 代码块时，就构成 try-except 语句，示例如代码 4-19 所示。

代码 4-19　try 语句处理 ZeroDivisionError

```
>>> number = 0
>>> # 以变量 number 作除数，尝试运行除法操作
>>> try:
...     print('1.0 / number =', 1.0 / number)
... except ZeroDivisionError:  # 如果异常是 ZeroDivisionError, 输出提示信息
...     print('***除数为 0***')
***除数为 0***
```

在代码 4-19 中，由于 0 不能作为除数，因此引发了除零异常，但由于 except 代码块给出了 ZeroDivisionError 的解决方案，因此将会执行 except 代码块中的内容，程序得以完整地运行。

图 4-5 所展示的各异常之间的层次差异是有意义的，这在程序执行过程中可以体现出来，如代码 4-20 所示。

代码 4-20　Python 异常层次差异

```
>>> dict1={'a': 1, 'b': 2, 'v': 22}
>>> # 尝试查询 dict1 中不存在的键值对
>>> try:
...     x = dict1['y']
... except LookupError:
...     print('查询错误')
... except KeyError:
...     print('键错误')
... else:
...     print(x)
查询错误

>>> # 调换 LookupError 和 KeyError 处理代码块的顺序
>>> dict2={'a': 1, 'b': 2, 'v': 22}
>>> # 尝试查询 dict2 中不存在的键值对
>>> try:
...     x = dict2['y']
... except KeyError:
...     print('键错误')
... except LookupError:
...     print('查询错误')
... else:
```

```
...    print(x)
键错误
```

代码 4-20 中的 try-except-else 语句尝试查询在字典中不存在的键值对时引发了异常。这一异常准确地说应属于 KeyError，但 KeyError 是 LookupError 的子类，且在代码 4-20 的前半部分是将 LookupError 置于 KeyError 之前的，因此程序优先执行 except LookupError 代码块，导致出现了非真正错误原因的提示。因此，使用多个 except 代码块时，必须坚持规范排序，要保证从最具针对性的异常到最通用的异常依次排序。

try-except-finally 语句的基本语法格式如下。

```
try:
    操作语句 1
except 错误类型 1 as error:
    操作语句 2
except 错误类型 2 as error:
    操作语句 3
finally:
    操作语句 4
```

无论是否发生异常，finally 代码块都会执行，因此其常用于释放资源，如关闭文件、网络连接，以及释放内存等。

使用 finally 关闭文件，如代码 4-21 所示。

代码 4-21　使用 finally 关闭文件

```
>>> try:
...     file = open('航天新闻.txt', 'r')
...     content = file.read()
...     print(content)
...     # 这里可能会发生异常，例如文件不存在
... except FileNotFoundError:
...     # 捕获 FileNotFoundError 异常
...     print("文件未找到，请检查文件路径。")
... except Exception as e:
...     # 捕获其他所有异常
...     print(f"发生了未知的异常：{e}")
... finally:
...     # 清理块中的代码
...     if file:
...         file.close()
...     print("文件已关闭。")
```

2024 年 6 月 6 日 14 时 48 分，嫦娥六号上升器成功与轨道器和返回器组合体完成月球轨道的交会对接，并于 15 时 24 分将月球样品容器安全转移至返回器中。这是继嫦娥五号之后，我国航天器第二次实现月球轨道交会对接。

### 4.4.3　抛出异常

除自然发生的异常外，在 Python 中还可以使用 raise 语句和 assert 语句主动抛出异常。使用 raise 语句抛出异常时，只需在 raise 后输入异常名即可，如代码 4-22 所示。

代码 4-22　raise 语句

```
>>> try:
...     num = 0
...     if num == 0:
...         raise ValueError("不能除以 0。")
...     result = num / 2
...     print(result)
... except ValueError as e:
...     # 捕获 ValueError 异常
...     print(f"值错误：{e}")
值错误：不能除以 0。
```

由代码 4-22 可知，当 num 等于 0 时，可以使用 raise 语句手动抛出一个 ValueError 异常。

assert 语句又称为断言语句，用于检查一个表达式的值是否为 Ture。当表达式的值为 False 时，抛出 AssertionError 异常；当表达式的值为 True 时，将不做任何操作。assert 语句的基本语法格式如下。

```
assert 表达式,异常信息
```

使用 assert 语句抛出异常，如代码 4-23 所示。

代码 4-23　assert 语句

```
>>> try:
...     num = 0
...     assert num != 0, "不能除以 0。"
...     result = num / 2
...     print(result)
... except AssertionError as e:
...     # 捕获 AssertionError 异常
...     print(f"断言错误：{e}")
断言错误：不能除以 0。
```

由代码 4-23 可知，可以使用 assert 语句来断言 num 不等于 0。当 num 等于 0 时，assert 语句会抛出一个 AssertionError 异常。

### 【任务 4-7】寻找和为目标值的数字对

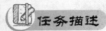 任务描述

在日常生活中，经常需要寻找两个数字使它们的和等于特定值。例如，在财务管理中，需要分析支出以匹配预算限制。本任务使用选择结构、循环结构、异常处理设计一个寻找和为目标值的数字对的程序，当输入列表和目标值时，程序会自动在列表中寻找和为目标值的数字对。

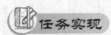 任务实现

根据任务描述，本任务的具体实现步骤如下。

（1）使用 try-except-finally 语句捕获异常。在 try 语句中，使用 input 函数输入数字列表，并将数字列表转换为整数列表，参考代码如任务实现 4-30 所示。

#### 任务实现 4-30　输入数字列表

```
>>> try:
...     # 输入数字列表，以逗号分隔数字
...     nums_input = input("请输入数字列表（以逗号分隔）: ")
...     # 将输入的数字列表转换为整数列表
...     nums = [int(num) for num in nums_input.split(",")]
```

（2）使用 input 函数输入目标值，参考代码如任务实现 4-31 所示。

#### 任务实现 4-31　输入目标值

```
...     # 输入目标值
...     target = int(input("请输入目标值: "))
```

（3）设置一个布尔型的 pair_found 参数，用于表示是否找到匹配的数字对，参考代码如任务实现 4-32 所示。

#### 任务实现 4-32　设置 pair_found 参数

```
...     pair_found = False    # 设置一个标志，用于表示是否找到匹配的数字对
```

（4）使用 for 嵌套循环遍历列表查找匹配的数字对。若找到匹配的数字对，则保存该数字对，并退出内循环和外循环，参考代码如任务实现 4-33 所示。

#### 任务实现 4-33　设置嵌套循环

```
...     for i in range(len(nums)):        # 遍历列表中的每个数字
...         # 对于每个数字，再次遍历列表中剩余的数字
...         for j in range(i + 1, len(nums)):
...             # 如果两个数字的和等于目标值
...             if nums[i] + nums[j] == target:
```

```
...                 pair_found = True        # 设置标志为 True
...                 pair = (nums[i], nums[j])   # 保存该数字对
...                 break
...         # 如果已经找到了匹配的数字对，退出外循环
...         if pair_found:
...             break
```

（5）设置 if 语句判断是否找到匹配的数字对，若找到，则输出数字对公式，否则输出"未找到匹配的数字对"，参考代码如任务实现 4-34 所示。

### 任务实现 4-34　设置 if 语句判断是否找到匹配的数字对

```
...     # 如果找到匹配的数字对，输出数字对公式
...     if pair_found:
...         print(f"找到匹配的数字对: {pair[0]} + {pair[1]} = {target}")
...     else:
...         print("未找到匹配的数字对")   # 如果没有找到匹配的数字对，输出"未找到匹配的
数字对"
```

（6）使用 except 语句捕获 ValueError 异常，使用 finally 语句输出"搜索完成"，参考代码如任务实现 4-35 所示。

### 任务实现 4-35　设置抛出异常语句

```
... except ValueError:
...     # 如果用户输入的数字列表格式不正确或者目标值不是整数，捕获 ValueError 异常
...     print("请确保输入的是正确的数字列表和整数目标值。")
... finally:
...     # 无论是否发生异常，都输出"搜索完成"
...     print("搜索完成")
```

使用 try-except-finally 语句处理可能出现的异常情况，有助于更好地应对程序运行中可能出现的错误，确保程序的稳定性和可靠性。

## 单元小结

本章介绍了程序流程控制语句，主要包括选择语句、循环语句，其中，选择语句主要包括单分支语句（if 语句）、双分支语句（if-else 语句）和多分支语句（if-elif-else 语句），循环语句包括 for 循环语句、while 循环语句、break 语句、continue 语句和 pass 语句；同时还介绍了 Python 的嵌套循环和变量迭代，嵌套循环包含 for 循环的嵌套和 while 循环的嵌套，变量迭代包含单变量迭代、两个及多个变量迭代；此外，还介绍了组合选择结构与循环结构、列表解析式。最后介绍了异常处理，包含异常的概念和类型，用 try-except

语句、try-except-else 语句、try-except-finally 语句捕获异常，以及用 raise 语句和 assert 语句抛出异常。

## 单元实训　实现旅游日志输入验证与活动展示

### 1. 实训要点

（1）熟悉列表的基本操作方法。

（2）掌握字符串长度和特定字符位置的校验方法。

（3）掌握使用简单的选择语句来验证输入数据的格式。

（4）掌握使用异常处理来确保输入正确类型的数据。

（5）掌握循环结构的使用方法。

### 2. 需求说明

为了进一步管理旅游数据，需要在单元 3 的单元实训的基础上，验证和格式化出发日期输入，并处理预算相关的数据转换和异常。其中使用字符串操作和输入验证来确保日期格式的正确性，并通过类型转换和异常处理方法确保预算输入的有效性。

### 3. 实训思路及步骤

（1）使用 input 函数获取用户输入的出发日期，并将其存储在 date_input 变量中。

（2）使用选择语句通过字符串索引判断输入的出发日期是否符合 "YYYY-MM-DD" 格式。当符合格式时，提示 "日期格式正确"；当不符合格式时，提示 "日期格式错误，请输入正确的格式（YYYY-MM-DD）"。

（3）使用 input 函数获取用户输入的预算，并将其存储在 budget_input 变量中。

（4）将 budget_input 变量转换为整数，并使用选择语句判断用户输入的预算是否充足。当预算小于 1000 元时，提示 "预算可能不足，请重新考虑预算安排。" 否则，提示 "预算充足。" 如果输入不是整数，出现 ValueError 异常，并提示 "输入的预算需要是一个整数，请重新输入。"

（5）使用 for 循环遍历单元 3 的单元实训中的 activities 列表，并输出所有计划中的活动。

## 单元测试

### 1. 选择题

（1）当 if i>1 语句返回值为（　　　）时可进入条件分支。

　　A. 0　　　　　　　　B. False　　　　　　C. []　　　　　　　　D. True

（2）实现一个条件判断可以只用（　　）语句。

　　A. if　　　　　　　B. elif　　　　　　　C. continue　　　　　D. else

（3）可以使用（　　　）语句跳过本次循环的剩余语句，终止本次循环。

    A．pass　　　　　　　B．continue　　　　C．break　　　　　　　D．以上均可以

（4）列表解析式[i for i in range(5)]返回的结果是（　　　）。

    A．[0, 1, 2, 3, 4, 5]　　　　　　　　B．[0, 1, 2, 3, 4]

    C．[1, 2, 3, 4, 5]　　　　　　　　　D．以上均不正确

（5）以下代码中不能正确运行出结果的是（　　　）。

    A．[print(x,y) for x,y in [(1,1),(1,1),(1,1)]

    B．[print(x) for x,y in [(1,1),(1,1),(1,1)]]

    C．[x,y for x,y in [(1,1),(1,1),(1,1)]]

    D．以上均不可以

（6）列表解析式[i for i in range(1,10,3)]返回的结果是（　　　）。

    A．[1, 4, 7]　　　　B．[1, 3, 6]　　　　C．[3, 6, 9]　　　　D．以上均不正确

（7）下列代码可以正确运行的是（　　　）。

    A．[i for i in 1,2,3]　　　　　　　B．[i for i in range(3)]

    C．[i for i in 3]　　　　　　　　　D．以上均可以

（8）列表解析式[i for i,j in [(1, 2),(2, 1),(1, 3),(3, 1)] if i > j]返回的结果是（　　　）。

    A．[1, 3]　　　　B．[2, 3]　　　　C．[(2, 1),(3, 1)]　　　　D．以上均不正确

（9）列表解析式[i * j for i in range(1, 4) for j in range(1, 4) if i > j]返回的结果是（　　　）。

    A．[1, 2, 3, 4]　　　　B．[1, 4, 16]　　　　C．[2, 3, 6]　　　　D．以上均不正确

（10）在 Python 中（　　　）语句不做任何事情，一般用作占位语句。

    A．range　　　　　　B．continue　　　　C．pass　　　　D．break

## 2．操作题

（1）使用列表解析式输出自定义列表 A=[1, 2, 3, 4, 5, 6, 7, 8, 9, 10]中的偶数。

（2）使用 for 循环输出所有 3 位数中的素数。

（3）使用程序计算整数 N 到整数 N+100 之间（不包含 N+100）所有奇数的和，并将结果输出。

（4）某商店出售某品牌运动鞋，每双定价 160 元，1 双不打折，2 双（含 2 双）～4 双（含 4 双）打 9 折，5 双（含 5 双）～9 双（含 9 双）打 8 折，10 双（含 10 双）以上打 7 折，输入购买数量，输出总额（保留整数）。

（5）编写一个重复执行的程序，要求输入一个字符串。如果输入的字符串的长度是奇数，就输出字符串中间的字符。如果字符串长度是偶数，就输出字符串的最后一个字符。

## 3．实践题

（1）近年来，我国航空业发展迅速。在我国航空产业体系中，对于乘客所属会员等级的划分越来越重要，因为这有助于更有针对性地了解并服务于不同乘客。航空会员等级划分如表 4-3 所示。

表 4-3　航空会员等级划分

| 等级 | 飞行里程数/km | 消费金额/元 |
| --- | --- | --- |
| 白金卡会员 | ≥40000 | ≥75000 |
| 金卡会员 | ≥25000 | ≥37500 |
| 银卡会员 | ≥15000 | ≥20000 |
| 普通会员 | 其他 | 其他 |

为了帮助航空公司更好地管理会员信息，并为乘客提供个性化的服务，编写会员等级划分程序，具体步骤如下。

① 用户输入飞行里程数和消费金额。

② 使用 if-elif-else 语句判断等级并输出结果。

（2）阶乘是数学中的一个基本概念，它通常可以表示为连续整数乘积的形式，例如，5 的阶乘是 $5 \times 4 \times 3 \times 2 \times 1 = 120$。阶乘在排列组合、概率论和无穷级数等领域具有广泛的应用，了解阶乘的概念和性质对于学习这些领域的知识具有重要意义。使用 Python 编写一个简易的阶乘计算器，从而实现一个数的阶乘运算，具体步骤如下。

① 用户输入数字。

② 使用 if-elif-else 语句判断用户输入的数字是否合理。

③ 当输入合理的时候，用 while 循环语句实现阶乘运算。

# 单元 ⑤ 函数

　　函数是 Python 为了使代码效率最大化并减少冗余代码提供的最基本的程序结构之一。单元 4 介绍了众多程序流程控制语句。在大、中型程序中，同一段代码可能会被重复使用，但如果程序由冗余的流程控制语句组成，那么程序的可读性会降低。通过使用函数封装这些重复使用的代码块，并加以注释，在下次使用时直接调用，这样程序就可变得更加清晰、简洁。

　　本书前 4 单元虽然没有直接介绍函数封装的概念，但是函数封装在单元 3 已经有所涉及。一般情况下，每种数据结构都会提供多种函数和相应的说明文档，仅需要知道函数的输入和输出即可使用相应的数据结构进行编程。

## 思维导图

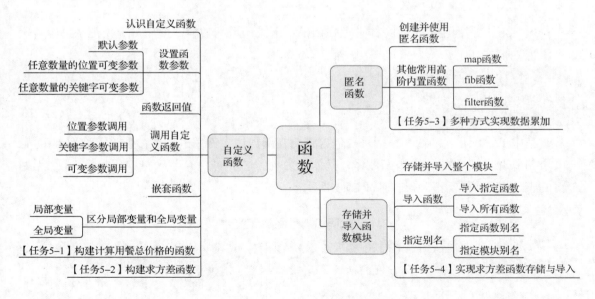

## 学习目标

（1）认识自定义函数，了解自定义函数的调用过程。

（2）掌握函数的参数设置和 return 函数的使用方法。

（3）掌握嵌套函数的使用方法。

（4）掌握局部变量和全局变量的使用方法。

（5）掌握匿名函数和其他高阶内置函数的使用方法。

（6）掌握存储并导入函数模块的方法。

## 素养目标

（1）通过学习和使用自定义函数，提高代码的可读性和可维护性。

（2）在学习自定义函数的基础上，进一步学习匿名函数，并根据实际需求选择自定义函数或者匿名函数。培养学生持续学习的习惯，提高灵活应对不同问题的能力。

（3）通过学习和使用存储并导入函数模块，提高代码的复用性，减少资源浪费。

5.1 函数

## 5.1 自定义函数

使用函数实现对整段程序逻辑的封装，是程序逻辑的结构化或过程化的一种编程方法。使用函数可以将实现某个功能的代码块从程序代码中隔离，避免在程序中出现大段重复代码。同时，在维护时只需对函数内部进行修改，而不用修改大量代码的副本。

### 5.1.1 认识自定义函数

Python 与其他编程语言一样，也提供了自定义函数的功能。使用 def 关键字可以自定义函数，格式如下。

```
def function(par1, par2, …):
    suite
    return expression
```

其中 function 为函数名，括号内包含将要在函数体中使用的形式参数（简称形参），定义语句以冒号结束；suite 为函数体，其缩进为 4 个空格或一个制表符；expression 为返回值的表达式。函数定义示例如代码 5-1 所示。

代码 5-1 函数定义

```
>>> def my_function(parameter):  # 输出传入的任何字符串
...     print(parameter)  # print 与 return 没有关系，也不会相互影响
...     return 'parameter is ' + parameter
```

由代码 5-1 可知，函数名为 my_function，输入参数是 parameter，输出参数是 parameter，返回值是"parameter is"字符串加上 parameter 参数。Python 的简洁性可以从函数定义中体现出来，Python 的参数不需要声明数据类型，但这也有一定的弊端，程序开发人员可能会因不清楚参数的数据类型而输入错误的参数。例如，若执行 my_function(1)，将会报错。为了避免这类问题出现，一般会在函数的开头注明函数的用途、输入和输出。

### 5.1.2 设置函数参数

在 Python 中，函数参数主要有以下 4 种。

（1）位置参数。调用函数时，根据函数定义的位置参数来传递参数。

（2）关键字参数。关键字参数通过"键-值"形式加以指定，可以让函数更加清晰、容易使用，同时也消除了参数的顺序要求。

（3）默认参数。定义函数时为参数提供了默认值的参数称为默认参数。在调用函数时，默认参数的值可传可不传。需要注意的是，所有的位置参数必须出现在默认参数前。

（4）可变参数。当定义函数时，有时候不确定之后调用时会传递多少个参数（也可以不传参数）。此时，可使用定义任意位置参数或关键字参数的方法来进行参数传递。

#### 1. 默认参数

在调用内置函数的时候，往往会发现很多函数提供了默认参数。默认参数为程序开发人员提供了极大的便利，特别是对于初次接触相应函数的人来说更是意义重大。默认参数为设置函数的参数值提供了参考。

下面定义一个计算利息的函数，如代码 5-2 所示。其中，天数参数 day 的默认值为 1，年化利率参数 interest_rate 的默认值为 0.05，即 5%。

**代码 5-2　定义一个计算利息的函数**

```
>>> def interest(money, day=1, interest_rate=0.05):
...     income = money * interest_rate * day / 365
...     print(income)
```

当仅需要计算单日利息时，只需要输入本金的数值即可，如代码 5-3 所示。

**代码 5-3　默认参数使用**

```
>>> print(interest(5000))   # 本金为 5000，年化利率为默认值 0.05 时的单日利息
0.684931506849315
>>> print(interest(10000))   # 本金为 10000，年化利率为默认值 0.05 时的单日利息
1.36986301369863
```

对于程序开发人员而言，设置默认参数能让他们更好地控制程序。如果提供了默认参数，那么程序开发人员可以设置期望的"最佳"默认值。而对于用户而言，他们也能避免初次使用函数便遇到要设置大量参数的窘境。

#### 2. 任意数量的位置可变参数

定义函数时需要确定函数的参数个数，通常情况下，参数个数表示函数可调用的参数个数的上限。当定义函数时，如果无法确定参数个数，可以使用*args 和**kwargs 定义可变参数。在可变参数之前可以定义 0 个到任意多个参数。注意，可变参数永远放在参数的最后面。

在定义任意数量的位置可变参数时，参数名前面需要有一个星号（＊）作为前缀，在传递参数的时候，可以在原有的参数后面添加 0 个或多个参数，这些参数将会被放在元组中并传入函数。任意数量的位置可变参数必须定义在位置参数或关键字参数之后，如代码 5-4 所示。

代码 5-4　任意数量的位置可变参数

```
>>> def exp(x, y, *args):
...     print('x:', x)
...     print('y:', y)
...     print('args:', args)
>>> exp(1, 5, 66, 55, 'abc')
x: 1
y: 5
args: (66, 55, 'abc')
```

代码 5-4 中定义了两个参数 x 和 y，之后定义了可变参数＊args。＊args 参数传入函数后存储在一个元组中。

### 3. 任意数量的关键字可变参数

在定义任意数量的关键字可变参数时，参数名前面需要有两个星号（＊＊）作为前缀。在传递参数时，可以在原有的参数后面添加任意数量的关键字可变参数，这些参数会被放到字典中并传入函数，如代码 5-5 所示。任意数量的关键字可变参数必须在所有默认参数之后，顺序不可以调转。

代码 5-5　任意数量的关键字可变参数

```
>>> def exp(x, y, *args, **kwargs):
...     print('x:', x)
...     print('y:', y)
...     print('args:', args)
...     print('kwargs:', kwargs)
>>> exp(1, 2, 2, 4, 6, a='c', b=1)
x: 1
y: 2
args: (2, 4, 6)
kwargs: {'a': 'c', 'b': 1}
```

在代码 5-5 中，函数传入了 "1, 2, 2, 4, 6, a='c', b=1"，总共 7 个参数。其中，1 和 2 被函数识别为 x 和 y，"2, 4, 6" 被识别为＊args 并存储在元组(2,4,6)中，"a='c', b=1" 被识别为＊＊kwargs 并存储在带有关键字的字典中。

### 5.1.3 函数返回值

函数可以处理一些数据，并返回一个或一组值。函数返回的值称为返回值。在代码 5-2 中定义的函数执行了 print 操作但无返回值，如果需要保存或调用函数的返回值，那么需要使用 return 语句，如代码 5-6 所示。

**代码 5-6 return 语句**

```
>>> def interest_r(money, day=1, interest_rate=0.05):
...     income = money * interest_rate * day / 365
...     return income
```

print 函数仅输出对象，输出的对象无法保存或被调用，而 return 语句返回的运行结果可以保存为一个对象供其他函数调用，如代码 5-7 所示。

**代码 5-7 print 函数和 return 语句的区别**

```
>>> x = interest(1000)
0.136986301369863
>>> y = interest_r(1000)
>>> print(y)
0.136986301369863
```

Python 对函数返回值的数据结构没有限制，包括列表和字典等复杂的数据结构。当程序执行到函数中的 return 语句时，会将指定的值返回并结束函数，return 语句后面的语句将不会被执行。

### 5.1.4 调用自定义函数

在 Python 中，使用 "函数名()" 的格式对函数进行调用。根据参数传入方式的不同，可将函数调用方式分为位置参数调用、关键字参数调用和可变参数调用 3 种。

#### 1. 位置参数调用

位置参数调用是最常用的函数调用方式，函数的参数严格按照函数定义时的位置传入，顺序不可以调换，否则会影响输出结果或直接报错。例如，range 函数定义的 3 个参数 start、stop、step 需按照顺序传入，如代码 5-8 所示。

**代码 5-8 传入位置参数**

```
>>> print(list(range(0, 10, 2)))   # 按 start=0、stop=10、step=2 的顺序传入
[0, 2, 4, 6, 8]
>>> print(list(range(10, 0, 2)))   # 调换 start 和 stop 的顺序后传入
[]
>>> print(list(range(10, 2, 0)))   # 调换全部参数的顺序后传入
ValueError: range() arg 3 must not be zero
```

当函数的参数有默认值时，可以不设置相应的函数参数，因为此时的函数会使用默认参数，如代码 5-9 所示。

代码 5-9　调用位置参数

```
>>> print(list(range(0, 10, 1)))
[0, 1, 2, 3, 4, 5, 6, 7, 8, 9]
>>> print(list(range(10)))
[0, 1, 2, 3, 4, 5, 6, 7, 8, 9]
```

### 2. 关键字参数调用

除了可以使用位置参数对函数进行调用外，还可以使用关键字参数对函数进行调用。当使用关键字参数时，可以不严格按照定义参数时参数的顺序传入值，因为解释器会自动根据关键字进行匹配。例如，代码 5-2 中定义的 interest 函数，其参数 money、day 和 interest_rate 即关键字参数，设置示例如代码 5-10 所示。

代码 5-10　设置关键字参数

```
>>> print(interest(money=5000, day=7, interest_rate=0.06))
5.7534246575342465
>>> print(interest(day=7, money=5000, interest_rate=0.06))
5.7534246575342465
```

关键字参数也可以与位置参数混用，但关键字参数必须跟在位置参数后面，否则会报错，如代码 5-11 所示。

代码 5-11　关键字参数与位置参数的混用

```
>>> print(interest(10000, day=7, interest_rate=0.06))
11.506849315068493
>>> print(interest(10000, interest_rate=0.06, day=7))
11.506849315068493
>>> # 关键字参数必须跟在位置参数后面，否则会报错
>>> print(interest(interest_rate=0.06, 7, money=10000))
SyntaxError: positional argument follows keyword argument
```

### 3. 可变参数调用

使用 *args 位置可变参数可以直接将元组或列表转换为参数，然后传入函数，如代码 5-12 所示。

代码 5-12　调用 *args 位置可变参数

```
>>> args = [0, 10, 2]
>>> print(list(range(*args)))
```

```
[0, 2, 4, 6, 8]
```

使用**kwargs 关键字可变参数可以直接将字典转换为关键字参数，然后传入函数中，如代码 5-13 所示。

代码 5-13　调用**kwargs 关键字可变参数

```
>>> def user(username, age, **kwargs):
...     print('username:', username,
...           'age:', age,
...           'other:', kwargs)
>>> user('john', 27, city='guangzhou', job='Data Analyst')
username: john age: 27 other: {'city': 'guangzhou', 'job': 'Data Analyst'}
>>> kw={'age':27, 'city':'guangzhou', 'job':'Data Analyst'}
>>> user('john', **kw)
username: john age: 27 other: {'city': 'guangzhou', 'job': 'Data Analyst'}
```

## 5.1.5　嵌套函数

Python 允许在函数内部定义另外一个函数，即嵌套函数。定义在其他函数内部的函数称为内置函数，而包含内置函数的函数称为外部函数。需要注意的是，内置函数中的局部变量独立于外部函数，如果外部函数想要使用这些变量，那么需要声明相应变量为全局变量。

例如，如果需要定义一个求均值的函数，那么需要先计算数值的和，可以在求均值函数的内部内建求和函数，如代码 5-14 所示。

代码 5-14　定义求均值函数

```
>>> def mean (*args):  # 定义求均值函数
...     m = 0
...     def sum(x):  # 内建求和函数
...         sum1 = 0
...         for i in x:
...             sum1 += i
...         return sum1
...     m = sum(args) / len(args)
...     return m
```

Python 也将函数视为对象，因此允许外部函数在返回结果时直接调用内置函数的结果。如代码 5-15 所示，可以简化求均值函数，令其直接返回求和函数的结果。

代码 5-15　简化求均值函数

```
>>> def means (*args):
```

```
...     def sum(x):
...         sum1 = 0
...         for i in x:
...             sum1 += i
...         return sum1
...     return sum(args) / len(args)   # 直接返回求和函数的结果
```

### 5.1.6  区分局部变量和全局变量

Python 的创建、修改或查找变量名都是在命名空间中进行的，更准确地说，是在特定的作用域下进行的，所以需要使用某个变量名时，应清楚地知道其作用域。由于 Python 不能声明变量，因此变量在第一次被赋值时，便与一个特定作用域绑定。定义在函数内部的变量拥有局部作用域，定义在函数外部的变量拥有全局作用域。

#### 1. 局部变量

定义函数时往往需要在函数内部对变量进行定义和赋值，在函数内部定义的变量即局部变量。例如，定义一个求和函数，如代码 5-16 所示。

代码 5-16　定义一个求和函数

```
>>> def sum(*arg):
...     sum1 = 0
...     for i in range(len(arg)):
...         sum1 += arg[i]
...     return sum1
```

代码 5-16 的函数内部定义了一个局部变量 sum1，所有针对该变量的操作仅在函数内部有效，如代码 5-17 所示。

代码 5-17　局部变量

```
>>> print(sum(1, 2, 3, 4, 5))
15
>>> print(sum1)
NameError: name 'sum1' is not defined
```

#### 2. 全局变量

与局部变量对应，定义在函数外部的变量即全局变量。全局变量可以在函数内部被调用，如代码 5-18 所示。

代码 5-18　全局变量

```
>>> sum0 = 10
>>> def fun():
```

```
...     sum_global = sum0+100
...     return sum_global
>>> print(fun())
110
```

需要注意的是，全局变量不能在函数内部直接被赋值，否则会报错，如代码 5-19 所示。

### 代码 5-19　全局变量不能在函数内部直接被赋值

```
>>> sum1=0
>>> def sum(*arg):
...     for i in range(len(arg)):
...         sum1 += arg[i]
...     return sum1
>>> print(sum(1, 2, 3, 4))
UnboundLocalError: cannot access local variable 'sum1' where it is not associated
with a value
```

若同时存在全局变量和局部变量，则函数会使用局部变量对全局变量进行覆盖，如代码 5-20 所示。

### 代码 5-20　局部变量覆盖全局变量

```
>>> sum1=10
>>> def sum(*arg):
...     sum1 = 0
...     for i in range(len(arg)):
...         sum1 += arg[i]
...     return sum1
>>> print(sum(1, 3, 4, 5))
13
```

显然，在代码 5-20 中，函数使用的是函数内部的局部变量 sum1 = 0。

如果想要在函数内部对全局变量赋值，那么需要使用关键字 global（在嵌套函数中，nonlocal 的用法和 global 类似），将代码 5-19 改为代码 5-21 所示的形式。

### 代码 5-21　使用关键字 global 在函数内部对全局变量赋值

```
>>> sum1=0
>>> def sum(*arg):
...     global sum1
...     for i in range(len(arg)):
...         sum1 += arg[i]
```

```
...    return sum1
>>> print(sum(1, 3, 5, 7))
16
>>> print(sum1)
16
>>> print(sum(1,3,5,7))
32
```

需要注意的是，虽然关键字 global 使用起来比较方便，但是建议在程序中尽量少用，因为它可能会使代码变得混乱，从而降低代码可读性。相反，局部变量会使代码更加抽象，封装性更好。

**【任务 5-1】构建计算用餐总价格的函数**

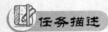 **任务描述**

在繁忙的都市中，一家新的麻辣烫餐馆为庆祝开业，举办了一场吸引顾客的促销活动。为了提高结账效率并确保交易准确性，收银员创建了一个名为 day_income 的函数。该函数能够根据顾客当日购买的菜品的重量和菜品单价自动计算当日用餐总价格。

**任务实现**

根据任务描述，本任务的具体实现步骤如下。

（1）创建函数 day_income，输入参数为菜品单价 unit_price 和可变参数 *table_count（表示顾客当日购买的菜品的重量），参考代码如任务实现 5-1 所示。

### 任务实现 5-1　创建函数

```
>>> def day_income(unit_price, *table_count):
```

（2）使用 sum 函数计算当日所卖菜品总重量，参考代码如任务实现 5-2 所示。

### 任务实现 5-2　计算总重量

```
...    count = sum(table_count)  # 使用 sum 函数计算当日所卖菜品总重量
```

（3）计算当日销售额（菜品总重量×菜品单价），并返回当日销售额，参考代码如任务实现 5-3 所示。

### 任务实现 5-3　计算用餐总价格

```
...    sum_price = unit_price * count  # 将菜品总重量乘菜品单价得到用餐总价格
...    return sum_price  # 返回用餐总价格
```

（4）调用函数 day_income，指定顾客当日购买的菜品的重量列表为[12,9,7,10,7,6,11,9,8,11]，菜品单价为 10，输出用餐总价格，参考代码如任务实现 5-4 所示。

任务实现 5-4 测试结果

```
>>> # 调用函数并计算用餐总价格
>>> total = day_income(10, 12, 9, 7, 10, 7, 6, 11, 9, 8, 11)
>>> print(f"用餐总价格为{total}")
用餐总价格为 900
```

这家繁忙都市中的新麻辣烫餐馆通过在开业促销活动中设计一个程序来自动计算当日用餐总价格，大幅提高了结账效率并确保了交易准确性。这个过程不仅改善了顾客的结账体验，还增强了餐馆的整体运营效能，展现了技术在实际商业场景中的重要作用。

## 【任务 5-2】构建求方差函数

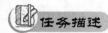 任务描述

方差是统计学中用于衡量数据波动性的关键指标，它反映了数据与平均值之间的差异。常见的方差计算公式如式（5-1）所示。

$$S^2 = \frac{(x_1 - m)^2 + (x_2 - m)^2 + \cdots + (x_n - m)^2}{n} \tag{5-1}$$

在式（5-1）中，$S^2$ 表示方差，$x_1 \sim x_n$ 表示需计算方差的数据，$m$ 表示平均值，$n$ 表示数据的个数。使用 def 关键字构建一个求列表方差的自定义函数，其中，sum 函数、mean 函数和 sums 函数为 var 函数的内置函数。

任务实现

根据任务描述，本任务的具体实现步骤如下。

（1）构建求和函数 sum，参考代码如任务实现 5-5 所示。

任务实现 5-5 求和函数

```
>>> def sum(x):  # 构建求和函数
...     sum1 = 0
...     for i in x:
...         sum1 += i
...     return sum
```

（2）构建求均值函数 mean，需调用求和函数 sum 的结果，参考代码如任务实现 5-6 所示。

任务实现 5-6 求均值函数

```
>>> def mean(z):  # 构建求均值函数
...     return sum(z) / len(z)  # 调用函数 sum 的结果
```

（3）构建求完全平方差函数 sums，需调用求均值函数 mean 的结果，参考代码如任务实现 5-7 所示。

### 任务实现 5-7　求完全平方差函数

```
>>> def sums(y):  # 构建求完全平方差函数
...     sum2 = 0
...     for i in y:
...         sum2 += (i - mean(y)) ** 2
...     return sum2
```

（4）构建求方差函数 var，构建 sum 函数、mean 函数和 sums 函数，并需调用求完全平方差函数 sums 的结果，参考代码如任务实现 5-8 所示。

### 任务实现 5-8　求方差函数

```
>>> def var(*args):  # 主体求方差函数
...     def sum(x):  # 构建 sum 函数
...         sum1 = 0
...         for i in x:
...             sum1 += i
...         return sum
...     def mean(z):  # 构建 mean 函数
...         return sum(z) / len(z)   # 调用函数 sum 的结果
...     def sums(y):  # 构建 sums 函数
...         sum2 = 0
...         for i in y:
...             sum2 += (i - mean(y)) ** 2
...         return sum2
...     # 计算方差
...     return sums(args) / len(args)
```

除了根据方差计算公式构建自定义函数之外，还可以尝试使用 AIGC 通过自然语言提示生成代码，生成命令如下。

使用 def 关键字构建一个求列表方差的自定义函数，其中，sum 函数、mean 函数和 sums 函数为 var 函数的内置函数。

基于生成命令得到的内容如图 5-1 所示。

由图 5-1 可知，使用 AIGC 通过自然语言提示生成的代码相对任务实现 5-8 的代码更简洁、高效，在一定程度上提高了开发效率。

```python
1   def mean(numbers):
2       """计算列表的平均值"""
3       return sum(numbers) / len(numbers)
4
5   def sums(numbers):
6       """计算列表所有元素的和"""
7       return sum(numbers)
8
9   def var(numbers):
10      """计算列表的方差"""
11      mean_val = mean(numbers)
12      sum_val = sums(numbers)
13
14      # 计算每个元素与平均值的差的平方和
15      sum_of_squares = sum([(x - mean_val) ** 2 for x in numbers])
16
17      # 方差 = 平方和 / 元素个数
18      return sum_of_squares / len(numbers)
19
20  # 测试var函数
21  test_list = [1, 2, 3, 4, 5]
22  var(test_list)
```

图 5-1　使用 AIGC 通过自然语言提示生成代码

## 5.2 匿名函数

Python 中有一些常用的高阶内置函数，如 lambda 函数、map 函数、fib 函数和 filter 函数等。Python 允许使用 lambda 函数创建匿名函数，map 函数、fib 函数和 filter 函数本身不是匿名函数，但它们可以使用匿名函数来实现或配合匿名函数使用。

### 5.2.1　创建并使用匿名函数

匿名函数是指不使用 def 语句这样标准的形式定义一个函数，也就是说函数没有具体的名称。读者可能会认为函数没有具体的名称应该不是好事。实际上，当需要定义一个功能简单但不经常使用的函数来执行脚本时，可以使用 lambda 函数创建匿名函数，从而省去定义函数的过程。对于一些抽象的、不会在其他地方重复使用的函数，有时为其命名比较麻烦（需要避免函数重名），而使用 lambda 函数则不需要考虑函数命名的问题，同时可以避免函数的重复使用。

在 lambda 函数中，冒号前是函数参数，若有多个参数，需使用逗号分隔；冒号后是返回值。与使用 def 关键字创建函数不同的是，使用 lambda 函数创建的函数没有具体的名称。

使用 lambda 函数创建函数的示例如代码 5-22 所示。

代码 5-22　使用 lambda 函数创建函数

```
>>> example = lambda x : x ** 3
>>> print(example)
```

```
<function <lambda> at 0x0000000029E2DD30>
>>> print(example(2))
8
```

用 lambda 函数创建函数时，应该注意以下 4 点。

（1）lambda 函数创建的是单行函数，如果需要创建复杂的函数，应使用 def 关键字。

（2）lambda 函数可以包含多个参数。

（3）lambda 函数有且只有一个返回值。

（4）lambda 函数中的表达式不能含有命令，且仅限一个表达式。这是为了避免匿名函数的滥用，过于复杂的匿名函数反而不易于解读。

Python 允许将 lambda 函数作为对象赋值给变量，然后使用变量名进行调用。例如，在 Python 的数学库中只有以自然数 e 和 10 为底的对数函数，而使用 lambda 函数即可创建以指定数为底的对数函数，如代码 5-23 所示。

代码 5-23　使用 lambda 函数创建对数函数

```
>>> from math import log  # 引入 Python 数学库的对数函数
>>> # 此函数用于返回一个以 base 为底的匿名对数函数
>>> def make_logarithmic_function(base):
...     return lambda x : log(x, base)
>>> # 创建一个以 3 为底的匿名对数函数，并赋值
>>> my_log = make_logarithmic_function(3)
>>> # 调用匿名对数函数 my_log，底数已经设置为 3，只需设置真数即可
>>> # 如果使用 log 函数，那么需要同时设置真数和底数
>>> print(my_log(9))
2.0
```

### 5.2.2　其他常用高阶内置函数

除了 lambda 函数外，Python 中还有其他常用的高阶内置函数，如 map 函数、fib 函数和 filter 函数。

#### 1．map 函数

map 函数是 Python 内置的高阶函数，它的基本格式为 map(func,list)。其中，func 表示一个函数，list 表示一个序列对象。在执行的时候，map 函数把函数 func 按照从左到右的顺序依次作用在 list 的每个元素上，得到一个新的序列对象并返回。

---

**注意**　　　　map 函数不改变原有的序列对象，只是返回一个新的序列对象。

---

使用 map 函数也能实现代码 5-22 的操作，如代码 5-24 所示。

代码 5-24　使用 map 函数实现代码 5-22 的操作

代码 5-24　使用 map 函数实现代码 5-22 的操作

```
>>> def add(x):
...     x**= 3
...     return x
>>> numbers = list(range(10))
>>> num1 = list(map(add, numbers))
>>> num2 = list(map(lambda x: x**3, numbers))  # 速度快，可读性高
```

### 2. fib 函数

fib 函数是一个递归函数，最典型的递归示例之一是斐波那契数列。根据斐波那契数列的定义，可以直接写出斐波那契数列递归函数。fib 函数示例如代码 5-25 所示。

代码 5-25　fib 函数示例

```
>>> def fib(n):
...     if n <= 2 :
...         return 2
...     else:
...         return fib(n - 1) + fib(n - 2)
>>> f = fib(10)
>>> print(f)
110
```

在代码 5-25 中，"fib(n–1)+fib(n–2)"是调用了 fib 函数自身而实现递归的。为了明确递归的过程，介绍其计算过程如下（令 n=3）。

（1）n=3，调用 fib(3)，判断后需计算 fib(3–1)+fib(3–2)。

（2）先看 fib(3–1)，即 fib(2)，返回结果为 2。

（3）再看 fib(3–2)，即 fib(1)，返回结果也为 2。

（4）最后计算第（1）步，结果为 fib(n–1)+fib(n–2)=2+2=4，将结果返回。

从而得到 fib(3) 的结果为 4。从计算过程可以看出，每个递归的步骤都是向着最初的已知条件方向得到结果，然后一层层向上反馈计算结果。

### 3. filter 函数

filter 函数是 Python 内置的另一个常用的高阶函数。filter 函数接收一个函数 func 和一个序列对象 list，函数 func 的作用是对 list 中的每个元素进行判断，通过返回 True 或 False 来过滤掉不符合条件的元素，将符合条件的元素组成新的序列对象。filter 函数示例如代码 5-26 所示。

代码 5-26　filter 函数示例

```
>>> print(list(filter(lambda x: x % 2 == 1, [1, 4, 6, 7, 9, 12, 17])))
```

```
[1, 7, 9, 17]
>>> s = list(filter(lambda c: c != 'o', 'I love python and R!'))
>>> s = ''.join(s)   # 转换为字符型
>>> print(s)
I love python and R!
```

　　虽然 Python 支持许多有价值的函数式编程特性，表现得也像函数式编程的风格，但从传统意义上来讲，它不能被认为是函数式编程语言。高阶函数虽然对程序性能的提高没有显著的作用，但是在提高代码简洁性方面作用明显，这也体现了 Python 优雅、简洁的特点。

【任务 5-3】多种方式实现数据累加

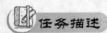 任务描述

　　在处理数据时，常常需要将一组数据进行累加。要实现数据累加，除了使用自定义函数外，还可以使用 Python 的匿名函数和 map 函数来使代码更简洁。本任务将分别通过自定义函数、匿名函数和 map 函数实现一组数据的累加。

【任务 5-3】多种方式实现数据累加

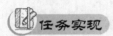 任务实现

　　根据任务描述，本任务的具体实现步骤如下。

　　（1）使用 def 关键字定义累加函数 add，参考代码如任务实现 5-9 所示。

**任务实现 5-9　定义累加函数**

```
>>> def add(x):
...     x += 3
...     return x
```

　　（2）创建空列表，参考代码如任务实现 5-10 所示。

**任务实现 5-10　创建空列表**

```
>>> new_numbers = []
```

　　（3）使用循环结构 for i in range(10)对列表进行数据累加后的元素添加（使用 append()方法），参考代码如任务实现 5-11 所示。

**任务实现 5-11　累加函数实现**

```
>>> for i in range(10):
...     new_numbers.append(add(i))   # 调用 add 函数，并将返回的结果添加到列表中
>>> print(new_numbers)
[3, 4, 5, 6, 7, 8, 9, 10, 11, 12]
```

　　（4）使用匿名函数代替累加函数，并将计算结果添加至列表，参考代码如任务实现 5-12 所示。

任务实现 5-12　匿名函数实现

```
>>> # lambda 函数方式（匿名函数）
>>> lam = lambda x: x + 3
>>> n2 = []
>>> for i in range(10):
...     n2.append(lam(i))
>>> print(n2)
[3, 4, 5, 6, 7, 8, 9, 10, 11, 12]
```

（5）使用 map 函数快速实现数据的累加，以及列表元素的添加，参考代码如任务实现 5-13 所示。

任务实现 5-13　map 函数实现

```
>>> # map 函数方式
>>> numbers = list(range(10))
>>> map(add, numbers)
<map object at 0x00000232F72FD870>
>>> aa = list(map(lambda x: x + 3, numbers))
>>> print([aaa ** 2 for aaa in aa])  # 速度快，可读性高
[9, 16, 25, 36, 49, 64, 81, 100, 121, 144]
```

在 Python 编程中，使用 Python 的匿名函数和 map 函数，能够以简洁且高效的方式实现数据的累加。这两种方式不仅降低了代码的复杂度，还提高了代码的执行效率。

## 5.3　存储并导入函数模块

本单元开头提到了"封装"这一概念，本小节将实现简单的封装，即将自定义函数封装为函数模块，然后在程序中导入该模块，再调用其中的函数。

### 5.3.1　存储并导入整个模块

模块是最高级别的程序组织单元，它能够将程序代码和数据封装起来以便重用。模块通常对应 Python 的脚本文件（.py 文件），该文件包含该模块定义的所有函数和变量。模块可以被其他程序导入，以便程序使用其中的函数等功能。导入模块后，在模块文件中定义的所有变量名都会以被导入模块对象的成员的形式被调用。简而言之，模块文件的全局作用域变成了被导入模块对象的局部作用域。

如果要导入模块中的函数，那么需要先创建一个模块。创建一个包含 make_steak 函数的模块，如代码 5-27 所示。

代码 5-27　创建模块

```
>>> def make_steak(d, *other):
```

```
...     '''做一份牛排'''
...     print('Make a steak well done in %d ' % d + 'with the other:')
...     for o in other:
...         print('- ' + o)
```

将代码 5-27 中的代码块保存为 steak.py，并存放在当前路径。导入这个模块，并且调用里面的 make_steak 函数，如代码 5-28 所示。

代码 5-28　调用模块中的函数

```
>>> import steak
>>> steak.make_steak(9, 'salad')
Make a steak well done in 9 with the other:
- salad
```

使用 import 语句可以通过模块名导入指定的模块，以便在程序中调用该模块中的所有函数，但是在调用函数时需要以模块名作前缀。

### 5.3.2　导入函数

#### 1. 导入指定函数

在 Python 中，可以导入模块中的指定函数，且指定函数可以是多个。以 steak.py 为例，只导入指定函数的操作如代码 5-29 所示。

代码 5-29　导入指定函数

```
>>> from steak import make_steak
>>> make_steak(9, 'salad')
Make a steak well done in 9 with the other:
- salad
```

若使用导入指定函数的方法，则调用函数时将不需要以模块名作为前缀，直接使用函数名即可，但如果模块中的函数较多，那么导入指定函数的方法会比较烦琐。

#### 2. 导入所有函数

如果模块中的函数较多，并需要导入所有函数，那么可以使用星号运算符导入所有函数，如代码 5-30 所示。

代码 5-30　导入所有函数

```
>>> from steak import *
>>> make_steak(9, 'salad')
Make a steak well done in 9 with the other:
- salad
```

在 import 语句中，星号的作用是将指定模块中的所有函数都导入当前程序中。采用没有模块名作为前缀的方法可以调用模块中的所有函数。当编写大型程序时，最好不要采用这种导入方法，如果模块中的函数名和项目程序中的对象名相同，那么将会导致代码混乱或程序出错等诸多问题。

### 5.3.3 指定别名

#### 1. 指定函数别名

如果导入的函数的名称可能与程序中现有的名称冲突或名称太长，那么可以用 as 语句在导入时给函数指定别名。给 make_steak 函数指定别名为 ms 的操作如代码 5-31 所示。

**代码 5-31 指定函数别名**

```
>>> from steak import make_steak as ms
>>> ms(9, 'salad')
Make a steak well done in 9 with the other:
- salad
```

在代码 5-31 中，import 语句为 make_steak 函数指定别名为 ms；每当需要调用 make_steak 函数时，都可以将 make_steak 简写为 ms，这样可以避免与程序中有相同名称的对象产生混淆。

#### 2. 指定模块别名

在 Python 中，不仅可以给函数指定别名，还可以给模块指定别名。通过给模块指定简短的别名（如给 steak 模块指定别名 S），能够方便地调用模块中的函数，相比类似 steak.make_steak 的调用方式更为简洁，指定模块别名如代码 5-32 所示。

**代码 5-32 指定模块别名**

```
>>> import steak as S
>>> S.make_steak(9, 'salad')
Make a steak well done in 9 with the other:
- salad
```

在代码 5-32 中，import 语句为模块 steak 指定了别名 S，但该模块中的所有函数名都没变。当要调用 make_steak 函数时，代码可编写为 S.make_steak，而不是 steak.make_steak。给模块指定别名不仅能使代码更简洁，而且可以使程序开发人员不需要太过关注与描述模块名。

关于 Python 中模块的导入方法，最佳的是只导入所需使用的函数，或导入整个模块，并用前缀的方式来调用函数。这样能让代码更清晰，更易于阅读和理解。

## 【任务 5-4】实现求方差函数存储与导入

任务描述

在任务 5-2 中自定义了一个求方差函数，现在将该函数封装并命名为

【任务 5-4】实现求方差函数存储与导入

var.py，通过导入和调用这个模块，可以方便地计算和分析数据集的方差。

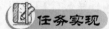任务实现

根据任务描述，本任务的具体实现步骤如下。

（1）导入封装好的函数模块 var，参考代码如任务实现 5-14 所示。

### 任务实现 5-14　导入封装好的函数模块 var

```
>>> import var  # 导入封装好的函数模块 var
>>> var1 = var.var(1, 3, 5, 7, 9, 11, 13)
>>> print(var1)
16.0
```

（2）导入模块中的特定函数 var.var，参考代码如任务实现 5-15 所示。

### 任务实现 5-15　导入模块中的特定函数 var.var

```
>>> from var import var  # 导入模块中的特定函数 var.var
>>> var2 = var(5, 6, 7, 8, 9)
>>> print(var2)
2.0
```

（3）给函数指定别名 fangcha，参考代码如任务实现 5-16 所示。

### 任务实现 5-16　给函数指定别名 fangcha

```
>>> from var import var as fangcha  # 给函数指定别名 fangcha
>>> var3 = fangcha(1, 2, 3, 4, 5, 6)
>>> print(var3)
2.916666666666666
```

（4）给函数模块指定别名 V，参考代码如任务实现 5-17 所示。

### 任务实现 5-17　给函数模块指定别名 V

```
>>> import var as V  # 给函数模块指定别名 V
>>> var4 = V.var(8, 9, 10, 11)
>>> print(var4)
1.25
```

（5）导入模块中的所有函数，参考代码如任务实现 5-18 所示。

### 任务实现 5-18　导入模块中的所有函数

```
>>> from var import *  # 导入模块中的所有函数
```

将自定义的求方差函数封装在 var.py 模块中，通过导入和调用该模块，可以实现数据集方差的计算和分析。这一过程提高了代码的复用性和可维护性，并可以加深读者对 Python

函数封装和模块导入的理解。

## 单元小结

本章介绍了 Python 中自定义函数的方法，函数主要由关键字 def 定义，其后紧跟函数名和参数；介绍了函数的参数设置、函数返回值、调用自定义函数、嵌套函数、区分局部变量和全局变量；此外，还介绍了使用 lambda 函数创建匿名函数的方法、函数模块的存储和导入。

## 单元实训　实现预算计算、活动展示和输入验证的功能模块化

### 1. 实训要点

（1）掌握 Python 模块的创建和使用方法。

（2）掌握定义和调用函数的方法。

（3）掌握应用高阶函数和匿名函数进行数据处理的方法。

（4）掌握输入验证与错误处理方法。

### 2. 需求说明

在单元 4 单元实训的基础上，通过模块化设计，将预算计算、活动展示和输入验证等功能封装在独立的 Python 脚本文件中，简化主程序逻辑，使得程序结构更清晰。通过调用相关函数来处理用户输入和旅游活动数据，使用高阶函数 map 和匿名函数 lambda 来格式化活动数据，优化数据展示，实现异常处理和输入验证，确保用户输入的数据在进行逻辑处理前符合预期。通过字符串格式化技巧，提升输出数据的可读性。

### 3. 实训思路及步骤

（1）创建一个名为 utils.py 的文件，定义 3 个函数：calculate_daily_budget、print_activities 和 enough_budget_input。

（2）calculate_daily_budget 函数接收总预算和天数作为参数，通过算术运算符"/"计算总预算除以天数，得到日均预算，并返回日均预算。

（3）print_activities 函数接收一个旅游活动列表，首先输出提示信息"计划的活动有："，然后遍历列表中的每一个活动，在每个活动前加上"-"符号并输出。

（4）enough_budget_input 函数使用 input 函数提示用户输入预算，将输入的字符串转换为整数。使用条件语句判断用户输入的预算是否充足，当预算小于 1000 元时，提示"预算可能不足，请重新考虑预算安排。"否则，提示"预算充足。"如果输入不是整数，则捕获 ValueError 异常，提示"输入的预算需要是一个整数，请重新输入。"并重新抛出异常。

（5）在主程序文件中，通过 from utils import * 引入 utils.py 中定义的所有函数。

（6）使用 map 高阶函数和 lambda 匿名函数，对 activities 列表中的元素进行格式化处理，为每个元素添加前缀"活动:"。

（7）调用 enough_budget_input 函数，接收并验证用户输入的预算，同时处理可能出现的值错误。

（8）调用 calculate_daily_budget 函数，计算并输出日均预算。

（9）调用 print_activities 函数，输出所有计划的活动列表。

## 单元测试

### 1．选择题

（1）下列关于函数的描述错误的是（　　　）。

    A．函数可以没有返回值

    B．使用函数不能避免大段重复代码

    C．函数实现了对整段程序逻辑的封装

    D．使用 def 关键字可以定义函数

（2）在 Python 中调用函数时，根据函数定义的参数位置来传递的参数是（　　　）。

    A．位置参数

    B．关键字参数

    C．默认参数

    D．可变参数

（3）在 Python 中使用（　　　）定义任意数量的位置可变参数。

    A．*args            B．**kwargs

    C．args            D．kwargs

（4）下列关于可变参数的描述正确的是（　　　）。

    A．可变参数只能定义一个参数

    B．可变参数放在所有参数的最前面

    C．可变参数包括位置参数和关键字参数

    D．可变参数不能接受没有传入参数

（5）运行 list(map(lambda x : x * 2, [1,2,3,4]))后，输出的正确结果是（　　　）。

    A．[1,4,9,16]            B．1,4,9,16

    C．[2,4,6,8]            D．以上都不正确

（6）下列关于 lambda 函数的描述正确的是（　　　）。

    A．lambda 函数可定义多行函数

    B．lambda 函数可以有多个返回值

    C．lambda 函数不能含有命令

    D．lambda 函数只能有一个参数列表

（7）下列关于全局变量和局部变量描述正确的是（　　　）。

    A. 在函数外部定义的变量为局部变量

    B. 在函数内部定义的变量为全局变量

    C. 全局变量可以在函数内部被调用

    D. 局部变量可以在函数外部被调用

（8）下列导入方式中已为函数或模块指定别名的是（　　　）。

    A. import numpy

    B. from numpy import *

    C. from numpy import matrix and array

    D. import numpy as np

## 2. 操作题

（1）自定义 main 函数，实现利用选择语句判断学习成绩等级，学习成绩大于等于 90 分用 A 表示，60～89 分用 B 表示，60 分以下用 C 表示。

（2）自定义 $f$ 函数，实现输入一个自然数 $n$，如果 $n$ 为奇数，输出表达式 $1+1/3+1/5+\cdots+1/n$ 的值，如果 $n$ 为偶数，输出表达式 $1/2+1/4+1/6+\cdots+1/n$ 的值，输出结果保留两位小数。

（3）蚂蚁是自然界的大力士，一只蚂蚁能够举起超过自身体重 40 倍的物体，能够拖运超过自身体重 1700 倍的物体，为了保证以最快速度完成搬运，蚂蚁在能够举起物体时绝不拖运。现已知某只蚂蚁的体重为 50mg，地上的 10 块食物重量（单位：mg）分别为 500、60000、25、1200、2200、1800、10000、80000、3000、65。自定义 calculate_food 函数，计算蚂蚁可以举起和拖运的食物的具体数量。

（4）将 lambda 函数与 map 函数结合，计算列表[1,2,3,4,5,6,7,8,9]中各元素的平方，输出结果的形式为列表。其中，lambda 函数负责对输入元素进行求平方操作，map 函数则负责将列表中的每个元素都应用于 lambda 函数，从而实现对每个元素进行求平方操作，最后输出结果。

（5）经常会有需要用户输入整数的计算要求，但用户未必总是输入整数。为了提高用户体验，编写 getInput 函数来应对这种情况。若用户输入整数，则直接输出整数并退出；若用户输入的不是整数，则要求用户重新输入，直至用户输入整数为止。

## 3. 实践题

在教育领域，学生成绩是衡量学生学习成果的重要指标，因此，对学生成绩进行高效、准确的管理至关重要。学生成绩管理系统使得成绩信息更加清晰、易于管理，在学校的管理中扮演着不可或缺的角色，为学校的教育教学工作提供了有力支持。学校通过开发学生成绩管理系统，实现了成绩的数字化记录，具体实现步骤如下。

（1）自定义 input_score 函数，用于添加学生成绩。使用 input_score 函数获取学生姓名、考试科目、成绩并存入字典中。

（2）自定义 search_score 函数，用于查找学生成绩。使用 if-else 语句判断学生姓名是否在字典中，若查到该学生姓名，则使用 for 语句循环输出该学生的学生姓名、考试科目和成绩；否则输出"没有对应成绩记录"。

（3）自定义 modify_score 函数，用于修改学生成绩。使用 if-else 语句判断学生姓名和考试科目是否在字典中，若查找到该学生姓名和对应考试科目，则使用 input 函数输入新的成绩；否则输出"没有对应成绩记录"。

（4）自定义 delete_score 函数，用于删除学生成绩。使用 if-else 语句判断需删除成绩的学生姓名和对应考试科目是否在字典中，若查到该学生姓名和对应考试科目，则进行成绩删除；否则输出"没有对应成绩记录"。

（5）自定义 main 函数，用于模拟学生成绩管理系统。使用 while 语句重复执行操作，使用编号获取用户选择的操作，其中，1 表示添加成绩；2 表示查找成绩；3 表示修改成绩；4 表示删除成绩；5 表示退出系统。使用 if-elif-else 来判断选择的条件并调用自定义函数。

# 单元 ⑥ 面向对象编程

　　本书前面几个单元介绍了 Python 中数据类型、数据结构、控制语句和函数的使用，如果需要使用 Python 进行更深层次的开发，仅靠这些是不够的，还需要用到类和对象。Python 不只是一种解释型语言，也是一种面向对象编程语言。本单元首先简要介绍面向对象编程，再逐步介绍类和对象的定义、属性和方法。类使得程序设计更加抽象，通过学习类的继承和常用方法，可以更好地理解并掌握 Python 程序语言。

## 思维导图

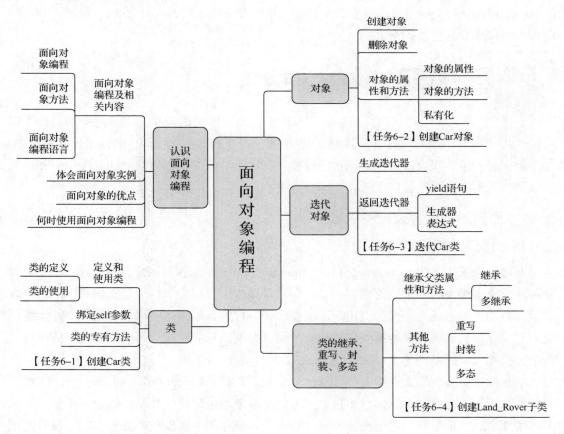

## 学习目标

（1）了解面向对象编程的发展、实例和优点。

（2）了解使用面向对象编程的情形。

（3）掌握类的定义、使用和专有方法。

（4）掌握 self 参数的使用方法。

（5）掌握对象的创建（实例化）、删除方法。

（6）掌握对象的属性、方法引用和私有化方法。

（7）掌握迭代器和生成器的使用方法。

（8）掌握类的继承、重写、封装、多态等。

## 素养目标

（1）通过学习面向对象编程，理解面向对象的模块化、抽象性，培养学生模块化思维和抽象思维。

（2）通过学习类的继承，减少冗余代码，并可以方便地扩展现有代码，提高编码效率，降低出错概率及软件维护难度。

6.1 面向对象编程

## 6.1 认识面向对象编程

理解面向对象编程有助于读者理解类的意义，培养解决问题的逻辑思维。现代面向对象编程增强了程序的结构化设计，融合了数据和操作，使得数据层和逻辑层可以被简单、抽象地描述。本小节将介绍面向对象的发展历程和面向对象编程为何能成为一种有效的软件编写方法。

### 6.1.1 面向对象编程及相关内容

#### 1. 面向对象编程

面向对象编程（Object-Oriented Programming，OOP）即面向对象程序设计。类和对象是面向对象编程中的两个关键内容。在面向对象编程中，以类来构造现实世界中的事物和情景，再基于类创建对象来帮助用户进一步认识、理解、刻画这些事物和情景。基于类创建的对象都会自动带有类的属性和特点，还可以根据实际需要赋予每个对象特有的属性，这个过程称为类的实例化。

抽象的直接表现形式通常为类。从面向对象的设计（Object-Oriented Design，OOD）的角度来看，类往往是由现实对象抽象而来的，抽象类可以看作基于类的进一步抽象。从实现角度来看，抽象类与普通类的不同之处在于：抽象类中可以包含抽象方法（没有实现功能），此类不能被实例化，只能被继承使用，且子类必须实现其中抽象方法。

## 2. 面向对象方法

面向对象方法（Object-Oriented Method，OOM），是在软件开发过程中以"对象"为中心，用面向对象的思想来指导开发活动的系统方法。正如研究面向对象方法的专家和学者所说，面向对象方法同 20 世纪 70 年代的结构化方法一样，对计算机技术的应用产生了巨大的影响，而且一直在强烈地影响和促进一系列高技术的发展和多学科的融合。

面向对象方法起源于面向对象编程语言。20 世纪 50 年代后期，在编写大型程序时，常会出现因为在程序中的不同位置出现相同变量名而发生冲突的问题。对于这个问题，算法语言（Algorithmic Language，ALGOL）的设计者在 ALGOL 60 中用"Begin…End"作为标志，形成局部变量，避免它们与程序中其他同名变量相冲突。这是在编程语言中首次进行封装的尝试，后来此结构被广泛用于高级语言（如 Pascal、Ada、C 语言）之中。

1986 年，首届"面向对象编程、系统、语言和应用"（Object-Oriented Programming Systems, Languages and Applications，OOPSLA）国际会议在美国举行，使面向对象的概念受到世人瞩目，之后每年都举办一届，这标志着面向对象方法的研究已普及全世界。面向对象方法已被广泛应用于程序设计语言、数据库、设计方法学、人机接口、操作系统、分布式系统、人工智能、实时系统、计算机体系结构，以及综合集成工程等众多领域，而且都得到了很大的发展。

## 3. 面向对象编程语言

20 世纪 60 年代中后期，奥勒-约翰·达尔（Ole-Johan Dahl）和克里斯滕·尼高（Kristen Nygaard）在 ALGOL 的基础上研制出了 Simula 语言，提出了对象的概念，并使用了类，面向对象程序设计的雏形得以形成。20 世纪 70 年代，经典的 Smalltalk 语言诞生，它以 Simula 语言的类为核心概念，以链表处理（List Processor，LISP）语言为主要内容。Smalltalk 语言不断改进，引入了对象、类、方法、实例等概念和术语，采用动态联编机制和单继承机制，因此现在仍将这一语言视为面向对象的基础。

正是通过 Smalltalk 的不断改进与推广应用，人们才发现面向对象方法具有模块化、信息封装与隐蔽、抽象性、继承性、多态性等独特之处，为研制大型软件，提高软件可靠性、可重用性、可扩充性和可维护性提供了有效的手段和途径。例如，分解和模块化可以给不同组件设定不同的功能，将一个问题分解成多个小的、独立的、互相作用的组件，来处理复杂、大型的软件。

从 20 世纪 80 年代起，面向对象程序设计成了一种主导思想，但一直没有专门的面向对象程序设计的语言。人们将以前提出的有关信息封装与隐蔽、抽象数据类型等概念和 BASIC、Ada、Smalltalk、Modula-2 等语言进行了糅合，却常常出现兼容性和维护性等问题。后因客观需求的推动，人们进行了大量理论研究和实践探索，不同类型的面向对象语言（如 Eiffel、C++、Java、Object-Pascal 等）得以产生和发展，逐步解决了兼容性和维护性等问题。

在近几年的计算机语言发展中，一些既支持面向过程程序设计（该怎么做）又支持面向对象程序设计（对象该怎么做）的语言开始流行，如 Python、Ruby 等。

### 6.1.2  体会面向对象实例

在面向对象出现以前，结构化程序设计是程序设计的主流。结构化程序设计又称为面向过程程序设计。面向过程是分析解决问题所需要的步骤，然后用函数一步步实现这些步骤。面向对象是将构成问题的事物分解成各个对象，创建对象不是为了完成一个步骤，而是为了描述某个事物在解决问题过程中的行为。

例如五子棋，面向过程的设计思路是分析解决问题的步骤，将每个步骤分别用函数来实现，从而使问题得到解决，如图 6-1 所示。而面向对象的设计则基于以下思路来解决问题：将五子棋分为 3 类对象，一是黑白双方，双方的行为是一模一样的；二是棋盘系统，负责绘制画面；三是规则系统，负责判断诸如犯规、输赢等。第 1 类对象负责接收用户输入的信息，并告知第 2 类对象棋子布局的变化，第 2 类对象接收到棋子的输入后就负责在画面上显示出棋子布局的变化，同时利用第 3 类对象来对棋局进行判定。

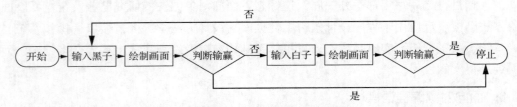

图 6-1  面向过程分析解决问题的步骤

可以看到，面向对象是以功能来划分问题的，而不是循环步骤。同样是绘制棋局，在面向过程的设计中，需要多个步骤来执行该任务，但这样很可能会导致不同步骤绘制棋局的程序不同，因此程序设计人员会根据实际情况对绘制棋局的程序进行调整。而在面向对象的设计中，绘图只可能在第 2 类对象中出现，由此可以保证绘制棋局程序的统一。

### 6.1.3  面向对象的优点

在面向过程程序设计中，问题被看作一系列需要完成的任务，解决问题的焦点集中于函数。其中，函数是面向过程的，即它关注的是如何根据规定的条件完成指定的任务。在多函数程序中，许多重要的数据被放置在全局数据区中，此时，数据可以被所有函数访问，很容易造成全局数据在无意中被其他函数改动，从而无法保证程序的准确性。

弥补面向过程程序设计中的部分缺点是面向对象程序设计的出发点之一。对象是程序的基本元素，它将数据和操作紧密地联系在一起，并保护数据，避免其被外界函数意外地改变。面向对象有以下 3 个优点。

（1）基于数据抽象的概念，面向对象可以在保持外部接口不变的情况下对内部进行修改，从而减少甚至避免对外界的干扰。

（2）面向对象通过继承可以大幅减少冗余代码，并可以方便地扩展现有代码，提高编码效率，降低出错概率及软件维护难度。

（3）结合面向对象分析、面向对象的设计，面向对象允许将问题中的对象直接映射到程序中，简化了在软件开发过程中中间环节的转换过程。

## 6.1.4 何时使用面向对象编程

面向对象的程序与人类对事物的抽象理解密切相关。例如，虽然不知道某人工智能系统的具体程序，但是可以确定的是，它的程序是根据面向对象的思路编写的。在人工智能系统中，每个智能体或代理被看作一个类，具体的某个智能体或代理就是其中某个类的一个实例对象，所以每个智能体或代理的程序都具有一定的独立性。程序开发人员可以同时编写多个智能体或代理的程序，且它们之间不会相互影响。在编写智能体或代理的程序时，面向过程编程不适用的原因是，如果程序开发人员要开发新的智能体或代理，那么必须对之前的程序做大规模的修改，以使程序的各个函数能够正常工作。但由于之前的函数没有新智能体或代理的数据，因此工作量会非常大。现在的大型程序和软件开发都是基于面向对象编程的，最重要的原因是面向对象具有良好的抽象性。但对于小型程序和算法来说，面向对象的程序一般会比面向过程的程序慢，所以编写程序时需要掌握面向对象和面向过程两种思想，发挥每种思想的长处。

## 6.2 类

在面向对象程序设计中，类是创建对象的基础，描述了所创建对象共有的属性和方法。类具有接口和结构，接口可以通过方法与类或对象进行交互，而结构表现出一个对象中有什么样的属性，这些都为面向对象编程的 3 个最重要的特性（封装性、继承性、多态性）提供了实现手段。

### 6.2.1 定义和使用类

#### 1. 类的定义

类的定义和函数的定义相似，只是用 class 关键字替代了 def 关键字，同样，在执行 class 的整段代码后，定义的类才会生效。进入类定义部分后，会创建一个新的局部作用域，在后面定义的类中，属性和方法都是属于局部作用域的局部变量。

#### 2. 类的使用

定义类的格式如下。

```
class 类名：
    属性列表
    方法列表
```

当使用 class 关键字创建类时，只要将所需的属性列表和方法列表列出即可，如代码 6-1 所示。

代码 6-1　创建类

```
>>> class Cat:
...     '''一次模拟猫咪的简单尝试'''
...     # 属性
...     name = 'tesila'
...     age = 3
...     # 方法
...     def sleep(self):
...         '''模拟猫咪被命令睡觉'''
...         return '%d 岁的%s 正在沙发上睡懒觉。' % (self.age, self.name)
...     def eat(self, food):
...         '''模拟猫咪被命令吃东西'''
...         self.food = food
...         return '%d 岁的%s 在吃%s。' % (self.age, self.name, self.food)
```

代码 6-1 创建的类很简单，尽管其中只有一些简单的方法，但是需要注意的地方比较多。根据约定，在 Python 中，首字母大写的名称是类名，如 Cat；如果名称由两个单词组成，那么两个单词的首字母都要大写，如 HotDog，这种命名方式被形象地称为"驼峰式命名"。函数和方法的命名没有本质上的区别，因个人习惯而异，函数名一般采用全小写形式，若由多个单词组成，各单词间用下画线连接，如"new_car"。

类的函数和方法都有一个 self 参数，并默认其为第 1 个参数，这也是在编程过程中需要注意的。

### 6.2.2　绑定 self 参数

Python 的类的方法和普通的函数有一个很明显的区别，就是类的方法必须有一个额外的参数 self，并且在调用方法的时候不必为这个参数赋值。Python 的类的方法的特别参数指代的是对象本身，而按照 Python 惯例，用 self 来表示。

对代码 6-1 创建的类稍加修改，查看效果，如代码 6-2 所示。

代码 6-2　self 参数

```
>>> class Cat:
...     def sleep(self):
...         print(self)
>>> new_cat = Cat()
>>> new_cat.sleep()
<__main__.Cat object at 0x000002794232A690>
```

self 参数代表当前对象的地址，能避免非限定调用时找不到访问对象或变量。当调用 sleep 等函数时，会自动将该对象的地址作为第 1 个参数传入；如果不传入地址，程序将不知道该访问哪个对象。

self 这一名称也不是必需的，在 Python 中，self 不是关键字，可以将其定义成 a、b 或其他名字。利用 my_address 代替 self，一样不会出现错误，如代码 6-3 所示。

代码 6-3 可以修改 self 的名称

```
>>> class Test:
...     def prt(my_address):
...         print(my_address)
...         print(my_address.__class__)
>>> t = Test()
>>> t.prt()
<__main__.Test object at 0x000002794232AF90>
<class '__main__.Test'>
```

简而言之，self 参数需要定义，但是当调用函数时，self 参数会自动传入；self 这一名称并不是规定不变的，但最好按照约定仍然使用 self。

## 6.2.3 类的专有方法

任何类都有类的专有方法，它们的特殊性从方法名就能看出，其通常使用双下画线"__"开头和结尾。

查看类或对象（实例）的属性和方法，要通过点号操作来实现，即 object.attribute，当然也可以通过点号操作实现对属性的修改和增加。查看类的属性和方法的示例如代码 6-4 所示。

代码 6-4 查看类的属性和方法

```
>>> class Example:
...     pass
>>> example = Example()
>>> print(dir(example))
['__class__', '__delattr__', '__dict__', '__dir__', '__doc__', '__eq__',
'__format__', '__ge__', '__getattribute__', '__getstate__', '__gt__',
'__hash__', '__init__', '__init_subclass__', '__le__', '__lt__', '__module__',
'__ne__', '__new__', '__reduce__', '__reduce_ex__', '__repr__', '__setattr__',
'__sizeof__', '__str__', '__subclasshook__', '__weakref__']
```

由代码 6-4 的运行结果可知，使用 dir 函数可以查看类的属性和方法。由于在定义类时只使用了 pass 语句，所以列出的结果都是以双下画线"__"开头和结尾的。

类的常用专有方法如表 6-1 所示。

表 6-1　类的常用专有方法

| 专有方法 | 功　　能 | 专有方法 | 功　　能 |
|---|---|---|---|
| \_\_init\_\_ | 构造方法，生成对象时被调用 | \_\_call\_\_ | 函数调用 |
| \_\_del\_\_ | 析构方法，释放对象时被调用 | \_\_add\_\_ | 加运算 |
| \_\_repr\_\_ | 输出类的实例化对象 | \_\_sub\_\_ | 减运算 |
| \_\_setitem\_\_ | 按照索引赋值 | \_\_mul\_\_ | 乘运算 |
| \_\_getitem\_\_ | 按照索引获取值 | \_\_div\_\_ | 除运算 |
| \_\_len\_\_ | 获得长度 | \_\_mod\_\_ | 求余运算 |
| \_\_cmp\_\_ | 比较运算 | \_\_pow\_\_ | 幂运算 |

　　\_\_getitem\_\_和\_\_setitem\_\_和普通的方法 clear()、keys()、values()类似，只是重定向到字典，返回字典的值，通常不用直接调用，可以使用相应的语法让 Python 来调用\_\_getitem\_\_和\_\_setitem\_\_。

　　\_\_setitem\_\_方法可以让任何类像字典一样保存键值对。

　　\_\_getitem\_\_方法可以让任何类表现得像一个序列。

　　\_\_repr\_\_只有当调用 repr(instance)时才会被调用。repr 函数是一个内置函数，它用于返回对象的可输出形式字符串。

　　\_\_cmp\_\_在比较类实例中被调用，通常可以通过使用 "==" 比较任意两个 Python 对象，不只是类实例。

　　\_\_len\_\_在调用 len(instance)时被调用。len 是 Python 的内置函数，可以返回一个对象的长度，对于字符串对象，返回的是字符个数；对于字典对象，返回的是键值对的个数；对于列表或序列，返回的是元素的个数。对于类和对象，定义\_\_len\_\_专有方法，可以自定义长度的计算方式，然后调用 len(instance)，Python 则将调用定义的\_\_len\_\_专有方法。

　　\_\_del\_\_在调用 del instance[key]时被调用，它会从字典中删除单个元素。

　　\_\_call\_\_方法让一个类表现得像一个函数，可以直接调用一个类实例。

　　任何定义了\_\_cmp\_\_专有方法的类都可以用 "==" 进行比较。在类的应用中，最常见的是先将类实例化，再通过实例来执行类的专有方法。

### 【任务 6-1】创建 Car 类

【任务 6-1】创建 Car 类

任务描述

　　在 Python 编程中，类是创建对象的蓝图。通过定义类，可以创建具有特定属性和方法的对象。本任务将创建一个名为 Car 的类，代表一辆汽车，具有车轮数（wheelNum）和颜色（color）属性，以及两个函数 getCarInfo 和 run。通过实例化 Car 类并调用其函数，可以看到汽车的基本信息和行驶状态。

🔲 任务实现

根据任务描述，本任务的具体实现步骤如下。

（1）使用 class 关键字创建 Car 类，添加 wheelNum 和 color 两个属性，参考代码如任务实现 6-1 所示。

### 任务实现 6-1　创建 Car 类

```
>>> class Car:  # 创建类
...     '''一次模拟汽车的简单尝试'''
...     wheelNum = 4  # 增加属性
...     color = 'red'
```

（2）使用 def 关键字定义 getCarInfo 函数，增加参数 name，返回 name、wheelNum 和 color 这 3 个属性的字符串，参考代码如任务实现 6-2 所示。

### 任务实现 6-2　定义 getCarInfo 函数

```
...     def getCarInfo(self, name):  # 定义 getCarInfo 函数
...         self.name = name
...         return '%s 有%d 个车轮，颜色是%s。' % (self.name,
...                                       self.wheelNum, self.color)
```

（3）使用 def 关键字定义 run 函数，返回语句"车行驶在学习的大道上。"参考代码如任务实现 6-3 所示。

### 任务实现 6-3　定义 run 函数

```
...     def run(self):  # 定义 run 函数
...         return '车行驶在学习的大道上。'
```

（4）调用 Car 类，赋值给 new_car，参考代码如任务实现 6-4 所示。

### 任务实现 6-4　调用 Car 类

```
>>> new_car = Car()  # 调用 Car 类
```

（5）使用 new_car 调用 getCarInfo 函数和 run 函数，参考代码如任务实现 6-5 所示。

### 任务实现 6-5　调用 getCarInfo 函数和 run 函数

```
>>> print(new_car.getCarInfo('Land Rover'))  # 调用 getCarInfo 函数
Land Rover 有 4 个车轮，颜色是 red。
>>> print(new_car.run())  # 调用 run 函数
车行驶在学习的大道上。
```

## 6.3　对象

在 Python 编程的世界中，对象是程序的基石，它们承载着数据的属性和方法的实现。

本节将深入探讨 Python 对象的生命周期，从对象的创建到删除，再到对象属性的访问与方法的使用。

### 6.3.1  创建对象

__init__ 是类的专有方法，每当根据类创建新实例时，Python 都会自动运行 __init__。这是一个初始化手段，Python 中的 __init__ 方法用于初始化类的实例对象。__init__ 方法的作用在一定程度上与 C++的构造函数相似，但并不相同。使用 C++的构造函数，可创建一个类的实例对象，而当 Python 执行 __init__ 方法时，实例对象已被构造出来了。因为 __init__ 方法会在对象构造出来后自动执行，所以可以用于初始化所需的数据属性。创建对象的示例如代码 6-5 所示。

**代码 6-5　创建对象**

```
>>> class Cat:
...     '''再次模拟猫咪的简单尝试'''
...     # 构造方法
...     def __init__(self, name, age):
...         # 属性
...         self.name = name
...         self.age = age
...     def sleep(self):
...         '''模拟猫咪被命令睡觉'''
...         return '%d 岁的%s 正在沙发上睡懒觉.' % (self.age, self.name)
...     def eat(self, food):
...         '''模拟猫咪被命令吃东西'''
...         self.food = food
...         return '%d 岁的%s 在吃%s'. % (self.age, self.name, self.food)
>>> cat1 = Cat('Tom', 3)
```

代码 6-5 将属性 name 和 age 放入了 __init__ 方法中并进行初始化，通过实参向 Cat 类传递名字和年龄。self 参数会自动传递，因此创建对象时只需给出后两个形参（name 和 age）的值即可。

### 6.3.2  删除对象

创建对象时，默认调用构造方法。删除对象时，同样会默认调用一个方法，这个方法为析构方法。__del__ 也是类的专有方法，当使用 del 语句删除对象时，会调用 __del__ 本身的析构函数。另外，当对象在某个作用域中调用完毕，跳出其作用域时，析构函数也会被调用一次，目的是释放内存空间。使用 __del__ 方法删除对象的具体示例如代码 6-6 所示。

代码 6-6 使用__del__方法删除对象

```
>>> class Animal:
...     # 构造方法
...     def __init__(self):
...         print('---构造方法被调用---')
...     # 析构方法
...     def __del__(self):
...         print('---析构方法被调用---')
>>> cat = Animal()
---构造方法被调用---
>>> print(cat)
<__main__.Animal object at 0x0000027942380450>
>>> del cat
---析构方法被调用---
>>> print(cat)
NameError: name 'cat' is not defined.
```

## 6.3.3 对象的属性和方法

学习了类的定义过程和方法后，可以尝试创建具体的对象来进一步学习面向对象程序设计。以代码 6-5 构造的类为例，创建对象的示例如代码 6-7 所示。

代码 6-7 创建对象

```
class Cat:
    def __init__(self, name, age):
        self.name = name
        self.age = age
    def sleep(self):
        '''模拟猫咪被命令睡觉'''
        return '%d 岁的%s 正在沙发上睡懒觉。' % (self.age, self.name)
    def eat(self, food):
        '''模拟猫咪被命令吃东西'''
        self.food = food
        return '%d 岁的%s 在吃%s。' % (self.age, self.name, self.food)
>>> # 创建对象
>>> cat1 = Cat('Tom', 3)
>>> cat2 = Cat('Jack', 4)
>>> # 访问对象的属性
>>> print('Cat1 的名字为:', cat1.name)
```

```
Cat1 的名字为：Tom
>>> print('Cat2 的名字为:', cat2.name)
Cat2 的名字为：Jack
>>> # 访问对象的方法
>>> print(cat1.sleep())
3 岁的 Tom 正在沙发上睡懒觉。
>>> print(cat2.eat('fish'))
4 岁的 Jack 在吃 fish。
```

　　创建对象和调用函数很相似，可以使用类名作为关键字来创建一个类的对象。但是创建对象需要提供参数，即__init__方法的参数。__init__方法会自动将数据属性进行初始化，然后调用相关函数，返回需要的对象数据属性。

### 1. 对象属性

　　对象属性由类的每个实例对象拥有。因此每个对象有自己对这个域的一份备份，即它们不是共享的。在同一个类的不同实例对象中，即使对象的属性有相同的名称，也互不相关。简而言之，不同的对象调用某一个属性，即使更改属性值，对象之间也互不影响。

　　对于类属性和对象属性，如果在类方法中引用某个属性，那么该属性必定是类属性。而如果在实例对象方法中引用某个属性（不进行更改），并且存在同名的类属性，那么此时，若实例对象有该名称的对象属性，则对象属性会屏蔽类属性，即引用的是对象属性；若实例对象没有该名称的对象属性，则引用的是类属性。如果在实例对象方法中更改某个属性，并且存在同名的类属性，那么此时，若实例对象有该名称的对象属性，则修改的是对象属性；若实例对象没有该名称的对象属性，则会创建一个同名称的对象属性。要修改类属性，如果在类外，那么可以通过类对象修改；如果在类里面，那么只能在类方法中进行修改。

### 2. 对象方法

　　对象方法和类的方法是一样的。在定义类的方法时，程序没有为类的方法分配内存，只有在创建具体实例对象时，程序才会为对象的每个数据属性和方法分配内存。类的方法是由 def 关键字定义的，具体定义格式与普通函数的定义格式相似，只是类的方法的第一个参数需要是 self 参数。用普通函数可以实现对对象方法的引用，如代码 6-8 所示。

代码 6-8　对对象方法的引用

```
>>> cat1 = Cat('Tom', 3)
>>> sleep = cat1.sleep
>>> print(sleep())
3 岁的 Tom 正在沙发上睡懒觉。
>>> cat2 = Cat('Jack', 4)
>>> eat = cat2.eat
>>> print(eat('fish'))
4 岁的 Jack 在吃 fish。
```

由代码 6-8 可知，虽然调用了一个普通函数，但是 sleep 函数和 eat 函数引用 cat1.sleep() 和 cat2.eat()，这意味着程序隐性地加入了 self 参数。

### 3. 私有化

如果要获取代码 6-8 中对象的数据属性，并不需要通过 sleep、eat 等函数，直接在程序外部调用数据属性即可，示例如代码 6-9 所示。

代码 6-9　对象属性的私有化

```
>>> print(cat1.age)
3
>>> print(cat2.name)
Jack
```

虽然这种直接调用的方法很方便，但是破坏了类的封装性，这是因为对象的状态对于类外部而言应该是不可访问的。当查看 Python 模块代码时，会发现源代码里定义了很多类，模块中的算法通过使用类来实现是很常见的，如果使用算法时能够随意访问对象中的数据属性，那么很可能会在不经意间修改算法中已经设置的参数，这是很麻烦的。一般封装好的类都会有足够的函数接口供程序开发人员使用，所以程序开发人员没有必要访问对象的具体数据属性。

为防止程序开发人员在无意中修改对象的状态，需要对类的数据属性和方法进行私有化。Python 虽然不支持直接私有方式，但也提供了方法以达到私有化的目的。为了让方法的数据属性或方法变为私有，只需要在属性或方法的名字前面加上双下画线即可，修改前文创建的 Cat 类代码的示例如代码 6-10 所示。

代码 6-10　私有化属性

```
>>> class Cat:
...     def __init__(self, name, age):
...         self.__name = name
...         self.__age = age
...     def sleep(self):
...         return '%d 岁的%s 正在沙发上睡懒觉。' % (self.__age, self.__name)
...     def eat(self, food):
...         self.__food = food
...         return '%d 岁的%s 在吃%s。' % (self.__age, self.__name, self.__food)
...     def getAttribute(self):
...         return self.__name, self.__age
>>> # 创建对象
>>> cat1 = Cat('Tom', 3)
>>> cat2 = Cat('Jack', 4)
```

```
>>> print('Cat1 的名字为:', cat1.name)  # 从外部访问对象的属性，会发现访问不了
AttributeError: 'Cat' object has no attribute 'name'
>>> print('Cat2 的名字为:', cat2.name)
AttributeError: 'Cat' object has no attribute 'name'
>>> print(cat1.sleep())  # 只能通过设置好的接口函数来访问对象
3 岁的 Tom 正在沙发上睡懒觉。
>>> print(cat2.eat('fish'))
4 岁的 Jack 在吃 fish。
>>> print(cat1.getAttribute())
('Tom', 3)
```

在程序外部直接访问私有化属性是不允许的，只能通过设置好的接口函数去调取对象的信息。不过，通过双下画线实现的私有化其实是"伪私有化"，实际上还是可以从外部访问这些私有化属性，如代码 6-11 所示。

### 代码 6-11　访问私有化属性

```
>>> print(cat1._Cat__name)
Tom
>>> print(cat1._Cat__age)
3
```

Python 使用名称重整（name mangling）技术将__membername 替换成_class_membername，当在外部访问原来的私有成员时，会提示无法找到，而执行_class_ membername 则可以访问。简而言之，想让其他人无法访问对象的方法和数据属性是不可能的，程序开发人员也不应该随意使用从外部访问私有成员的名称重整技术。

### 【任务 6-2】创建 Car 对象

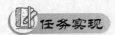

#### 任务描述

在 Python 编程中，析构方法是一个特殊的方法，用于在对象被销毁时自动执行清理操作。根据任务 6-1 创建的 Car 类，为其定义一个析构方法。通过这种方式可以确保在程序结束时执行必要的清理操作，从而提高代码的健壮性和可维护性。

#### 任务实现

根据任务描述，本任务的具体实现步骤如下。

（1）使用 class 关键字创建 Car 类，参考代码如任务实现 6-6 所示。

### 任务实现 6-6　定义 Car 类

```
>>> class Car:
```

（2）将 Car 类实例化，添加 newWheelNum 和 newColor 两个属性，参考代码如任务实现 6-7 所示。

### 任务实现 6-7 Car 类实例化

```
...     # 构造方法
...     def __init__(self, newWheelNum, newColor):
...         self.wheelNum = newWheelNum
...         self.color = newColor
```

（3）使用 def 关键字定义 run 函数，用 print 函数输出"车在跑，目标：远方。"参考代码如任务实现 6-8 所示。

### 任务实现 6-8 定义 run 函数

```
...     # 定义 run 函数
...     def run(self):
...         print('车在跑，目标：远方。')
```

（4）使用 def __del__()定义析构方法，用 print 函数输出"---析构方法被调用---"，参考代码如任务实现 6-9 所示。

### 任务实现 6-9 定义析构方法

```
...     # 定义析构方法
...     def __del__(self):
...         print('---析构方法被调用---')
```

（5）调用 Car 类，创建对象并命名为 BMW，参考代码如任务实现 6-10 所示。

### 任务实现 6-10 调用 Car 类

```
>>> # 创建对象
>>> BMW = Car(4, 'green')
>>> # 访问属性
>>> print('车的颜色为:', BMW.color)
车的颜色为: green
>>> print('车轮的数量为:', BMW.wheelNum)
车轮的数量为: 4
```

（6）访问对象属性，调用 run 函数，并用 print 函数输出，参考代码如任务实现 6-11 所示。

### 任务实现 6-11 调用 run 函数

```
>>> # 调用对象的 run 函数
>>> BMW.run()
```

车在跑，目标：远方。

（7）使用析构方法删除 BMW 对话，并查看对象是否被成功删除，参考代码如任务实现 6-12 所示。

任务实现 6-12　删除 BMW 对象

```
>>> # 删除对象
>>> del BMW
---析构方法被调用---
>>> # 查看是否删除
>>> print(BMW)
NameError: name 'BMW' is not defined
```

## 6.4　迭代对象

在程序流程控制语句中已经涉及过迭代方式，其中较为常见的是在面向对象过程中对象的迭代。

### 6.4.1　生成迭代器

迭代是 Python 最强大的功能之一，是访问集合元素的一种方式。之前介绍的 Python 容器对象都可以用 for 循环进行遍历，如代码 6-12 所示。

代码 6-12　for 循环

```
>>> for element in [1, 2, 3]:
...     print(element)
1
2
3
>>> for element in (1, 2, 3):
...     print(element)
1
2
3
>>> for key in {'one': 1, 'two': 2}:
...     print(key)
one
two
>>> for char in '123':
...     print(char)
```

```
1
2
3
>>> for line in open('../data/myfile.txt'):
...     print(line)
1

2

3
```

由代码 6-12 可知，这种代码的编程风格十分简洁。迭代器（iterator）有两个基本的函数：iter 函数和 next 函数。如果 for 循环在容器对象上调用 iter 函数，那么该函数会返回一个定义 next 函数的迭代对象，iter 函数会在容器对象中逐一访问元素。当容器对象遍历完毕，next 函数找不到后续元素时，将会引发一个 StopIteration 异常，终止 for 循环，如代码 6-13 所示。

代码 6-13　iter 函数与 next 函数

```
>>> L = [1, 2, 3]
>>> it = iter(L)
>>> print(it)
<list_iterator at 0xa9e0630>
>>> print(next(it))
1
>>> print(next(it))
2
>>> print(next(it))
3
>>> print(next(it))
StopIteration
```

迭代器是一个可以记录遍历位置的对象，从第 1 个元素被访问开始，直到所有元素被访问完结束。要注意的是，迭代器只能往前，不能退后。

要将迭代器加入类中，需要定义一个__iter__()方法，它返回一个有 next 函数的对象。如果类定义了 next 函数，那么__iter__()方法可以只返回 self 参数。以代码 6-1 创建的 Cat 类为例，通过迭代器输出对象的全部信息，如代码 6-14 所示。

代码 6-14　迭代器的应用

```
>>> class Cat:
...     def __init__(self, name, age):
```

```
...         self.name = name
...         self.age = age
...         self.info = [self.name, self.age]
...         self.index = -1
...     def getName(self):
...         return self.name
...     def getAge(self):
...         return self.age
...     def __iter__(self):
...         print('名字 年龄')
...         return self
...     def next(self):
...         if self.index == len(self.info) - 1:
...             raise StopIteration
...         self.index += 1
...         return self.info[self.index]
>>> newcat = Cat('Coffe', 3)   # 创建对象
>>> print(newcat.getName())    # 访问对象的属性
Coffe
>>> iterator = iter(newcat.next, 1)   # 调用迭代函数输出对象的属性
>>> for info in iterator:
...     print(info)
Coffe
3
```

## 6.4.2 返回迭代器

### 1. yield 语句

在 Python 中，使用生成器（generator）可以很方便地支持迭代器协议。生成器是一个返回迭代器的函数，它可以通过常规的 def 关键字来定义，但是不用 return 语句返回，而是用 yield 语句一次返回一个结果。一般的函数在生成值后会退出，但生成器在生成值后会自动挂起，暂停执行状态并保存状态信息。当函数恢复时，这些状态信息将再度生效，通过在每个结果之间挂起和继续它们的状态自动实现迭代器协议。

通过生成斐波那契数列来对比有 yield 语句和没有 yield 语句的情况，进一步了解生成器，如代码 6-15 和代码 6-16 所示。

代码 6-15　斐波那契数列——有 yield 语句

```
>>> def fibonacci(n):   # 生成器——斐波那契数列
```

```
...     a, b, counter = 0, 1, 0
...     while True:
...         if counter > n:
...             return
...         yield a
...         a, b = b, a + b
...         print('%d,%d' % (a, b))
...         counter += 1
>>> f = fibonacci(10)  # f是一个迭代器，由生成器返回生成
>>> while True:
...     try:
...         print(next(f), end=' ')
...     except:
...         break
0 1,1
1 1,2
1 2,3
2 3,5
3 5,8
5 8,13
8 13,21
13 21,34
21 34,55
34 55,89
55 89,144
```

代码 6-16  斐波那契数列——没有 yield 语句

```
>>> def fibonacci(n):
...     a, b, counter = 0, 1, 0
...     while True:
...         if (counter > n):
...             return
...         # yield a  # 不执行 yield 语句
...         a, b = b, a + b
...         print('%d,%d' % (a, b))
...         counter += 1
```

```
>>> f = fibonacci(10)
1,1
1,2
2,3
3,5
5,8
8,13
13,21
21,34
34,55
55,89
89,144
```

在调用生成器并运行的过程中，当每次遇到 yield 语句时，函数都会暂停运行并保存当前所有状态信息，返回 yield 语句的值，当下一次执行 next 函数时从当前位置继续运行。

简而言之，包含 yield 语句的函数会被特地编译成生成器，当函数被调用时，返回一个生成器对象，这个对象支持迭代器接口。

### 2. 生成器表达式

列表解析的一般形式如下。

```
[expr for iter_var in iterable if cond_expr]
```

当迭代 iterable 里的所有内容时，每一次迭代后，先将 iterable 里满足 cond_expr 条件的内容放到 iter_var 中，再在表达式 expr 中应用 iter_var 的内容，最后用表达式的计算值生成一个列表。

例如，生成一个列表以保存 50 以内的所有奇数。

```
[i for i in range(50) if i%2]
```

当序列过长，而每次只需要获取一个元素时，应当考虑使用生成器表达式，而不是列表解析，因为生成器表达式不会将数据一次性读取，而列表解析是一次性读取所有的数据。除此之外，生成器表达式和列表解析还有以下不同之处：生成器表达式是被圆括号括起来的，列表解析式是被方括号括起来的；生成器表达式返回的是一个生成器对象，而列表解析返回的是一个新列表。生成器表达式的一般形式如下。

```
(expr for iter_var in iterable if cond_expr)
```

使用生成器表达式求出 1～10 内 3 或 5 的倍数，如代码 6-17 所示。

代码 6-17　求 3 或 5 的倍数

```
>>> g = (i for i in range(1, 10) if i % 3 == 0 or i % 5 == 0)
>>> for i in g:
...    print(i)
3
```

```
5
6
9
```

## 【任务6-3】迭代 Car 类

 **任务描述**

【任务6-3】迭代 Car 对象

本任务在任务 6-1 和任务 6-2 的基础上，对 Car 类进行进一步的迭代和扩展。这里将为 Car 类增加品牌（brand）和废气涡轮增压（T）两个属性，并实现输出所有属性值，包括 wheelNum、color、brand 和 T，以便更全面地描述一辆汽车。

**任务实现**

根据任务描述，本任务的具体实现步骤如下。

（1）在任务 6-2 的 Car 类基础上增加 brand 和 T 两个属性，参考代码如任务实现 6-13 所示。

### 任务实现 6-13　增加属性

```
>>> class Car:
...     def __init__(self, brand, newWheelNum, newColor, T):
...         self.wheelNum = newWheelNum
...         self.color = newColor
...         self.brand = brand
...         self.T = T    # T 为废气涡轮增压
```

（2）使用方括号创建列表[brand,wheelNum,color,T]并将其赋值给变量 info，参考代码如任务实现 6-14 所示。

### 任务实现 6-14　赋值

```
...         self.info = [self.brand, self.wheelNum, self.color, self.T]
```

（3）为迭代设置初始变量 index，参考代码如任务实现 6-15 所示。

### 任务实现 6-15　设置初始变量

```
...         self.index = -1
```

（4）使用 def 关键字分别定义 getBrand、getNewheelnum、getNewcolor、getT 函数，return 语句返回对应的属性值，参考代码如任务实现 6-16 所示。

### 任务实现 6-16　定义函数

```
...     def getBrand(self):
...         return self.brand
```

```
...     def getNewheelnum(self):
...         return self.wheelNum
...     def getNewcolor(self):
...         return self.color
...     def getT(self):
...         return self.T
```

（5）使用 def 关键字定义__iter__()方法，用 print 函数输出"品牌 车轮数 颜色 废气涡轮增压"，返回对象位置，参考代码如任务实现 6-17 所示。

### 任务实现 6-17　定义__iter__()方法

```
...     def __iter__(self):
...         print('品牌 车轮数 颜色 废气涡轮增压')
...         return self
```

（6）使用 def 关键字定义 next 函数，用 if 语句进行判断，返回对应位置的属性，参考代码如任务实现 6-18 所示。

### 任务实现 6-18　定义 next 函数

```
...     def next(self):
...         if self.index == 3:
...             raise StopIteration
...         self.index += 1
...         return self.info[self.index]
```

（7）调用 Car 类，创建对象 newcar，并使用 print 函数输出 color 属性值，参考代码如任务实现 6-19 所示。

### 任务实现 6-19　调用 Car 类

```
>>> # 创建对象
>>> newcar = Car('BMW', 4, 'green', 2.4)
>>> # 访问属性
>>> print(newcar.getNewcolor())
green
```

（8）访问对象属性，调用 iter 函数，并使用 print 函数输出结果，参考代码如任务实现 6-20 所示。

### 任务实现 6-20　调用 iter 函数

```
>>> # 迭代输出对象的属性
>>> iterator = iter(newcar.next, 1)
>>> for info in iterator:
```

```
...      print(info)
BMW
4
green
2.4
```

本任务通过为 Car 类增加 brand 和 T 属性，并利用迭代输出所有属性值，使 Car 类能够更全面地描述一辆汽车，同时也展示了迭代在 Python 编程中的应用。

## 6.5 类的继承、重写、封装、多态

在 Python 的面向对象编程中，继承、重写、封装和多态是构建功能强大、可扩展和可维护代码的关键。

### 6.5.1 继承父类属性和方法

#### 1. 继承

面向对象编程带来的好处之一是代码的重用，实现这种重用的方法之一是使用继承机制。继承（inheritance）是两个类或多个类之间的父子关系，子类继承了父类的所有公有数据属性和方法，并且可以通过编写子类的代码扩充子类的功能。继承实现了数据属性和方法的重用，减少了代码的冗余。

在程序中，继承描述的是事物之间的所属关系。例如，猫和狗都属于动物，在程序中便可以描述为猫和狗继承自动物；同理，波斯猫和巴厘猫都继承自猫，而沙皮狗和斑点狗都继承自狗，如图 6-2 所示。

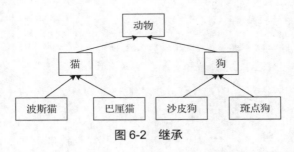

图 6-2 继承

特定狗种类继承自狗类，狗类继承自动物类，狗类编写了描述所有种类的狗共有的行为和方法，而特定狗种类则增加了狗类特有的行为。不过继承也有一定的弊端，例如，某种特定种类的狗不具有绝大部分狗的行为，当程序员没有厘清类间的关系时，可能会使子类具有不该有的方法。另外，如果继承链太长，那么任何一点小的变化都可能会引起一连串变化。因此，使用继承时要注意控制继承链的规模。

在 Python 中，继承有以下特点。

（1）在继承中，基类初始化方法__init__()不会被自动调用。如果希望子类调用基类的

\_\_init\_\_()方法，那么需要在子类的\_\_init\_\_()方法中显式调用基类。

（2）当调用基类的方法时，需要加上基类的类名前缀，且带上 self 参数变量。注意，在类中调用该类定义的方法时是不需要 self 参数的。

（3）Python 总是先查找对应类的方法，如果在子类中没有对应的方法，那么 Python 才会在继承链的基类中按顺序查找。

（4）在 Python 的继承机制中，子类不能访问基类的私有成员。

利用继承机制修改 Cat 类的代码，添加继承方法，如代码 6-18 所示。

代码 6-18　添加继承方法

```
>>> class Cat:
...     def __init__(self):
...         self.name = '猫'
...         self.age = 4
...         self.info = [self.name, self.age]
...         self.index = -1
...     def run(self):
...         return f"{self.name} --在跑"
...     def getName(self):
...         return self.name
...     def getAge(self):
...         return self.age
...     def __iter__(self):
...         print('名字 年龄')
...         return self
...     def next(self):
...         if self.index == len(self.info) - 1:
...             raise StopIteration
...         self.index += 1
...         return self.info[self.index]
>>> class Bosi(Cat):
...     def setName(self, newName):
...         self.name = newName
...     def eat(self):
...         return f"{self.name} --在吃"
>>> bs = Bosi()   # 创建对象
>>> print('bs 的名字为:', bs.name)   # 继承父类的属性和方法
bs 的名字为: 猫
```

```
>>> print('bs 的年龄为:', bs.age)
bs 的年龄为: 4
>>> print(bs.run())
猫 --在跑
>>> bs.setName('波斯猫')   # 子类的属性和方法
>>> print(bs.eat())
波斯猫 --在吃
>>> iterator = iter(bs.next, 1)   # 迭代输出父类的属性
>>> for info in iterator:
...     print(info)
猫
4
```

代码 6-18 中定义了 Bosi 类的父类 Cat，将猫共有的属性和方法都放到父类中，子类仅需要向父类传输数据属性。这样可以很轻松地定义其他基于 Cat 类的子类。如果有数百只猫，那么使用继承的方法可以大大减少代码量，且当需要对全部猫做整体修改时，仅修改 Cat 类即可。在 Bosi 类的__init__()方法中显式调用了 Cat 类的__init__()方法，并向父类传输数据，注意这里需要加 self 参数。

因为在继承中子类不能继承父类的私有属性，所以不用担心父类和子类会出现因继承造成的重名情况。子类不能继承父类的私有属性的示例如代码 6-19 所示。

代码 6-19　子类不能继承父类的私有属性

```
>>> class animal:
...     def __init__(self, age):
...         self.__age = age
...     def print2(self):
...         print(self.__age)
>>> class dog(animal):
...     def __init__(self, age):
...         animal.__init__(self, age)
...     def print2(self):
...         print(self.__age)
>>> a_animal = animal(10)
>>> a_animal.print2()
10
>>> a_dog = dog(10)
>>> a_dog.print2()   # 程序报错
AttributeError: 'dog' object has no attribute '_dog__age'
```

173

### 2. 多继承

如果要继承多个父类，那么父类名需要全部写在括号里，这种情况称为多继承，格式为 class 子类名(父类名 1,父类名 2,…)，示例如代码 6-20 所示。

代码 6-20　多继承

```
>>> class A(object):  # 定义一个父类
...     def __init__(self):
...         print('   ->Input A')
...         print('   <-Output A')
>>> class B(A):  # 定义子类 B
...     def __init__(self):
...         print('  -->Input B')
...         A.__init__(self)
...         print('  <--Output B')
>>> class C(A):  # 定义子类 C
...     def __init__(self):
...         print(' --->Input C')
...         A.__init__(self)
...         print(' <---Output C')
>>> class D(B, C):  # 定义子类 D
...     def __init__(self):
...         print('---->Input D')
...         B.__init__(self)
...         C.__init__(self)
...         print('<----Output D')
>>> d = D()  # 在 Python 中是可以有多继承的，子类会继承父类中的方法和属性
---->Input D
 -->Input B
  ->Input A
  <-Output A
 <--Output B
 --->Input C
  ->Input A
  <-Output A
 <---Output C
<----Output D
>>> print(issubclass(C, B))  # 判断一个类是不是另一个类的子类
```

```
False
>>> print(issubclass(C, A))
True
```

实现继承之后，子类将继承父类的属性和方法。也可以使用内置函数 issubclass 来判断一个类是不是另一个类的子类，前项参数为子类，后项参数为父类。

### 6.5.2 其他方法

面向对象编程中还包括重写、封装和多态等方法。

#### 1. 重写

所谓重写，就是子类中有一个和父类中名字相同的方法，子类中的方法会覆盖父类中同名的方法，示例如代码 6-21 所示。

代码 6-21　重写

```
>>> class Cat:
...     def sayHello(self):
...         return '喵----1'
>>> class Bosi(Cat):
...     def sayHello(self):
...         return '喵喵----2'
>>> bosi = Bosi()
>>> print(bosi.sayHello())   # 子类中的方法会覆盖父类中同名的方法
喵喵----2
```

#### 2. 封装

既然 Cat 实例本身就拥有相应的数据，那么要访问这些数据，就没有必要用外部函数去访问，可以直接在 Cat 类的内部定义访问数据的函数。这样，即可将数据"封装"起来。

封装（encapsulation）就是将抽象得到的数据和行为（或功能）相结合，形成一个有机的整体（即类）。封装的目的是增强安全性和简化编程，使用者不必了解具体的实现细节，只需通过外部接口和特定的访问权限去使用类即可。简而言之，封装就是将内容存储到某个地方，需要时再去调用。

#### 3. 多态

多态指面向对象程序执行时，相同的信息可能会发送给多个不同类别的对象，系统依据对象所属的类别，引发对应类别的方法而产生不同的行为。也就是说，相同的信息给予不同的对象会引发不同的动作。拥有多态特性的程序并不严格限制变量所引用的对象类型，对于未知的对象类型也能进行一样的操作。

Python 是动态语言，可以不检查类型但成功调用实例方法，只要方法存在、属性正确即可实现调用，这是 Python 语言与静态语言（如 Java）最大的差别之一。

【任务 6-4】创建
Land_Rover 子类

### 【任务 6-4】创建 Land_Rover 子类

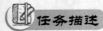 任务描述

在任务 6-3 的 Car 类的基础上，进一步扩展其功能，创建一个名为 Land_Rover 的子类，拥有两个父类属性[brand（品牌）、color（颜色）]和两个自带属性[wheelNum（车轮数）、T（废气涡轮增压）]。通过这种方式，能够创建更具体、更详细的汽车描述，它不仅包含一辆汽车的基本信息，还包含特定于 Land_Rover 品牌的额外信息。

任务实现

根据任务描述，本任务的具体实现步骤如下。

（1）在任务 6-3 的代码基础上，使用 class 关键字创建子类 Land_Rover，参考代码如任务实现 6-21 所示。

任务实现 6-21　创建子类

```
>>> class Land_Rover(Car):
```

（2）使用构造方法创建对象，设置 brand、color 两个父类属性和 wheelNum、T 两个自带属性，参考代码如任务实现 6-22 所示。

任务实现 6-22　构造方法

```
...     def __init__(self, brand, newColor):
...         self.brand = brand
...         self.wheelNum = 4
...         self.color = newColor
...         self.T = 3
```

（3）在子类中调用父类构造方法 Car.__init__()，参考代码如任务实现 6-23 所示。

任务实现 6-23　调用父类构造方法

```
...         Car.__init__(self, self.brand, self.wheelNum, self.color, self.T)
```

（4）调用子类 Land_Rover，创建对象 Luxury_car，并使用 print 函数输出 color 属性值，参考代码如任务实现 6-24 所示。

任务实现 6-24　调用子类

```
>>> # 创建对象
>>> Luxury_car = Land_Rover('Land_Rover', 'black')
>>> # 访问属性
>>> print(Luxury_car.getNewcolor())
black
```

（5）访问对象属性，调用 iter 函数，并使用 print 函数输出结果，参考代码如任务实现 6-25 所示。

**任务实现 6-25　调用 iter 函数**

```
>>> # 迭代输出对象的属性
>>> iterator = iter(Luxury_car.next, 1)
>>> for info in iterator:
...     print(info)
Land_Rover
4
black
3
```

## 单元小结

本单元介绍了 Python 面向对象编程的发展、实例、优点，并介绍了适合使用面向对象编程的情形；同时，还介绍了如何定义并使用类的方法和类的专有方法，以及绑定 self 参数；实现了面向对象中对象的创建、删除和使用，并扩展了对象的属性、方法引用和私有化方法；最后介绍了迭代器和生成器，以及类的继承、重写、封装、多态等特性。

## 单元实训　构建面向对象的旅游日志应用

### 1. 实训要点

（1）掌握类和继承在 Python 中的应用。

（2）掌握处理类的属性和方法。

（3）掌握异常处理和安全的数值计算。

（4）掌握使用列表和集合管理集合数据的方法。

（5）掌握字符串的连接和格式化。

### 2. 需求说明

使用类和继承的面向对象编程方法，可以建立灵活且易于维护的代码结构。构建一个 DiaryEntry 基类，负责存储基本信息和提供条目概要，同时通过继承创建 TravelDiaryEntry 类来增加更多特定于旅游的功能，如活动管理和预算计算。实现一个 TravelDiary 类来管理多个 TravelDiaryEntry 对象，提供添加新条目和查看所有条目的功能。此系统将通过使用类和继承，确保代码的组织性和扩展性，同时通过列表和集合管理集合数据，实现活动的有效管理和去重，最终提供用户友好的条目显示和预算管理。

### 3．实训思路及步骤

（1）在 entry.py 文件中，定义一个基类 DiaryEntry，包含日期和地点信息，以及返回条目概要的方法 summary。

（2）定义一个继承自 DiaryEntry 的 TravelDiaryEntry 类，扩展功能，以包括活动、想法、预算和距离旅游的天数。其中，定义 calculate_daily_budget()方法计算日均预算，full_entry()方法返回完整的条目信息，add_activity()方法用于添加新的活动到活动列表，unique_activities()方法返回活动的集合以显示所有唯一活动。

（3）在主体实训代码文件中，定义 TravelDiary 类，管理 TravelDiaryEntry 对象的列表。其中，包括添加新条目的方法 add_entry()和显示所有条目的方法 view_entries()。

（4）创建 TravelDiary 类的实例，添加至少一个条目，并调用 view_entries()方法显示所有条目的详细信息。

## 单元测试

### 1．选择题

（1）基于类创建的对象都会自动带有类的属性和方法，还可以根据实际需要赋予每个对象特有的属性，这个过程称为类的（　　　）。

    A．私有化　　　　　　B．实例化　　　　　C．封装　　　　　　　D．继承

（2）抽象类与普通类的不同之处在于（　　　）。

    A．抽象类不能被实例化，只能被继承

    B．抽象类既能被实例化，又能被继承

    C．抽象类能被实例化，不能被继承

    D．抽象类不能被实例化，也不能被继承

（3）下列属于面向对象编程的特性之一的是（　　　）。

    A．封装性　　　　　　B．抽象性　　　　　C．隐蔽性　　　　　　D．模块化

（4）在 Python 的面向对象编程中，关于 self 的说法正确的有（　　　）。

    A．self 是关键字

    B．self 不能避免非限定调用时找不到访问对象或变量

    C．self 代表当前对象的地址

    D．self 这个名称是必需的

（5）Python 中通过（　　　）实现访问类或者对象（实例）的属性和方法。

    A．","　　　　　　　B．"."　　　　　　C．"[]"　　　　　　　D．"（ ）"

（6）在类方法中引用的属性为（　　　）。

    A．类属性　　　　　　B．对象属性　　　　C．类属性和对象属性　D．以上都不正确

（7）下列选项中属性私有化的是（　　　）。

    A．self._name_　　　B．self.name__　　　C．self.__name__　　D．self.__name

（8）下列属于迭代器的基本方法的是（　　　）。

    A. iter()          B. init()          C. del()          D. class()

（9）下列关于迭代器的说法不正确的是（　　　）。

    A. 迭代器只能往前不能后退

    B. 迭代器可以记住遍历的位置

    C. 通过迭代器能输出对象的全部信息

    D. 迭代器可以往前也可以后退

（10）（　　　）为类中删除属性的专有方法。

    A. __init__()      B. __repr__()    C. __del__()      D. __cmp__()

## 2. 操作题

（1）定义一个住房面积类 HouseArea，类属性包括客厅面积（living_area）、厨房面积（kitchen_area）和卧室面积（bed_area）。在类方法中，使用 get_living_area 函数返回 living_area 属性，返回类型为整型。编写好类后使用语句 house=HouseArea (40,30,50)进行测试，并输出结果。

（2）定义一个学生类 Student，类的属性包括姓名（name）、年龄（age）、成绩（score，包括语文、数学、英语，且每科成绩的类型为整型）。在类方法中，使用 get_name 函数获取 name 属性，返回类型为字符串型；使用 get_age 函数获取 age 属性，返回类型为整型；使用 get_course 函数获取 3 门科目中最高的分数，返回类型为整型。对完成的类进行测试并输出结果。

（3）定义一个动物类 Animal，类的属性包括名字（name）和物种（type）。在类方法中，使用 info 函数输出 type 属性。再定义一个 Dog 类，继承 Animal 类的属性和方法。因为物种中含有很多品种，需要在 Dog 类中添加品种（breed）属性，并调用父类的 info 函数输出 breed 属性，如金毛。

（4）定义一个马类 Horse，类的属性包括年龄（age）、品种（breed）和性别（gender）。在每创建一个马类的对象时，需要为其指定 age、breed 和 gender 属性值。在类方法中，使用 get_descriptive 函数输出马的 3 个属性；使用 update_speed 函数记录当前马的速度值。例如，一匹 12 岁的阿拉伯公马，在草原上奔跑的速度为 50km/h。对完成的类进行测试并输出结果。

（5）定义一个骆驼类 Camel，继承简单题（4）的 Horse 类但不对 Horse 类中的属性和方法进行操作。因为每只骆驼的驼峰数量不一致，所以需在类中添加驼峰数量属性 hump_size，并添加一个输出骆驼驼峰数量的方法。例如，一只双峰驼的 20 岁的母骆驼以 40km/h 的速度奔跑在沙漠中。编写好类后，调用父类方法和 Camel 类的方法进行测试并输出结果。

## 3. 实践题

（1）在奇妙动物乐园里有各种各样的动物，它们来自神奇的世界，每一种动物都有着令人惊叹的特点。基于以上内容，开发一个基于面向对象的程序，定义 3 个子类分别继承

Animal 父类的属性和方法，具体操作如下。

① 定义一个动物类 Animal，类的属性包含动物名称和特点描述。

② 在 Animal 类中编写 show_info()方法，用于输出动物名称和特点描述。

③ 定义狮子类 Lion、大象类 Elephant 和企鹅类 Penguin，3 个类都继承自 Animal 类。

④ 定义主程序 explore_animals 函数，分别调用 Lion 类、Elephant 类和 Penguin 类并输出动物信息。

（2）在现代商业环境中，超市作为零售业的重要组成部分，扮演着供应日常生活必需品的重要角色。随着信息技术的发展，超市管理系统的自动化和数字化程度日益提高。为了提高超市运营效率和服务质量，需开发一个基于面向对象编程的超市管理系统，具体操作如下。

① 定义一个商品类 Product，类的属性包括商品名称、商品单价、商品库存数量。

② 在 Product 类中编写 display_info()方法，用于输出商品名称、商品单价、商品库存数量 3 个属性。

③ 在 Product 类中编写 sell()方法，使用 if-else 语句判断库存是否充足。若库存数量大于等于售出数量，则减少库存数量，并输出成功售出的商品个数；否则输出库存不足。

④ 定义一个顾客类 Customer，类的属性包括顾客姓名，并初始化一个购物车列表。

⑤ 在 Customer 类中编写 add_to_cart()方法，用于添加商品和购买数量到购物车。

⑥ 在 Customer 类中编写 checkout()方法，使用 for 语句遍历购物车，若库存数量大于等于购买数量，则减少商品库存，并计算费用；否则输出库存不足。

⑦ 对完成的类进行测试并输出结果。例如，现有库存面包 50 个，单价为 2.5 元；牛奶 30 瓶，单价为 3 元。张三要购买 3 个面包，2 瓶牛奶；王五要购买 3 瓶牛奶，输出他们分别要支付的钱数。

# 单元 ❼ 文件基础

随着人工智能、大数据、物联网等新一代信息技术的快速发展，各类结构化、半结构化、非结构化数据激增，在获取各类数据时，数据通常会以 CSV、TXT、XML 等格式进行存储，可以说是"百花齐放、百家争鸣"。在使用 Python 对数据进行分析之前，通常需要先将文件中的数据读取到 Python 中或对文件进行处理，最后将分析结果保存到文件中，以便查看。本单元将介绍如何处理文件和保存数据，以便用户能更容易地使用程序，使用户能够读取 TXT 或 CSV 文件，输出 TXT 或 CSV 文件；此外，还将介绍如何用 Python 编程实现对计算机文件的读取、写入、修改等操作。

## 思维导图

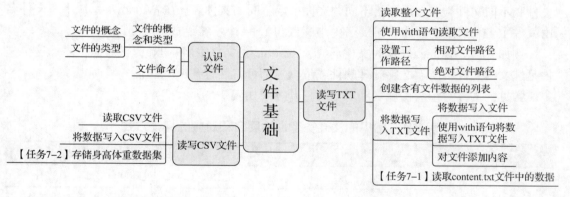

## 学习目标

（1）了解文件的概念和类型。
（2）掌握在 Python 中读取整个文件和逐行读取数据的方法。
（3）掌握工作路径的设置方法。
（4）掌握 Python 对 TXT、CSV 文件数据的读取、修改和写入方法。

## 素养目标

（1）通过了解车载液氢系统"赛道1000"的相关内容，培养学生加强对科技发展的了解，增强创新意识。
（2）通过分析身高、体重数据，引导学生更好地关注身体健康，促进全面发展。

7.1 文件基础

## 7.1 认识文件

在用计算机工作或娱乐的过程中，我们会接触到各种类型的文件，其中常见的有文档（.doc）、图片（.jpg）和视频（.mp4）等，除此之外，我们还会遇到一些特殊的文件类型，且不知道这些文件应该用什么软件打开。在使用 Python 进行文件管理之前，需要先了解 Python 操作中的文件的概念，掌握常见文件类型及其打开方式。

### 7.1.1 文件的概念和类型

#### 1. 文件的概念

文件是指存储在存储介质上的一组相关信息的集合，存储介质可以是纸张、计算机磁盘、光盘或其他电子媒体，也可以是照片或标准样本，还可以是它们的组合。

在本单元中，若无特殊说明，则文件主要是指计算机文件，即以计算机磁盘为存储介质存储在计算机上的信息集合。

#### 2. 文件的类型

在计算机中，文件包含文档文件、图片、程序、快捷方式、设备程序等。为区分不同文件和不同文件类型，需要给不同的文件指定不同的文件名。在 Windows 系统下，文件名由文件主名和扩展名组成，扩展名由小圆点和 1～4 个字符组成。

例如，当 Readme.txt 作为文件名时，Readme 是文件主名，.txt 为扩展名，表示这个文件是纯文本文件，所有文字处理软件或编辑器都可将其打开。

常见的文件类型、扩展名和对应的打开方式如表 7-1 所示。

表 7-1　常见的文件类型、扩展名和对应的打开方式

| 文件类型 | 扩 展 名 | 打开方式 |
| --- | --- | --- |
| 文档文件 | .txt | 可用所有的文字处理软件或编辑器打开 |
| | .csv | 可用 Microsoft Execl 和 WPS 等软件打开 |
| | .doc | 可用 Microsoft Word 和 WPS 等软件打开 |
| | .hlp | 可用 Adobe Acrobat Reader 打开 |
| | .rtf | 可用 Microsoft Word 和 WPS 等软件打开 |
| | .html | 可用浏览器、写字板打开，可查看其源代码 |
| | .pdf | 可用各种电子阅读软件打开 |
| 压缩文件 | .rar | 可用 WinRAR 打开 |
| | .zip | 可用 WinRAR 等软件打开 |
| | .gz、.z | UNIX 的压缩文件，可用 WinRAR 等软件打开 |
| 图片文件 | .bmp、.gif、.jpg、.pic、.png、.tif | 可用常用图像处理软件打开 |

续表

| 文件类型 | 扩 展 名 | 打开方式 |
|---|---|---|
| 音频文件 | .wav | 可用媒体播放器打开 |
| | .aif、.au | 可用常用音频处理软件打开 |
| | .mp3 | 可用 Winamp 打开 |
| | .wma、.mmf、.amr、.aac、.flac | — |
| 动画文件 | .avi | 可用常用动画处理软件打开 |
| | .mov | 可用 Active Movie 打开 |
| | .swf | 可用 Flash 自带的 Player 程序打开 |
| 系统文件 | .int、.sys、.dll、.adt | — |
| 可执行程序文件 | .exe、.com | — |
| 映像文件 | .map | 可用 OziExplorer 打开 |
| 备份文件 | .bak、.old、.wbk、.xlk、.ckr_ | — |
| 临时文件 | .tmp、.syd、._mp、.gid、.gts | — |
| 模板文件 | .dot | 可用 Word 文档程序打开 |
| 批处理文件 | .bat | 可用记事本打开 |

## 7.1.2　文件命名

在 Windows 系统下，文件的命名规则如下。

（1）文件名最多可以使用 255 个字符。

（2）文件名后是扩展名，扩展名表示文件类型，可以使用多间隔符的扩展名，其文件类型由最后一个扩展名决定，如 win.ini.txt 是一个合法的文件名。

（3）文件名中允许使用空格，但不允许使用英文输入法状态下的 "<" ">" "/" "\" "|" ":" """ "*" "?"。

（4）文件名中的大小写字母在 Windows 系统下显示时会有所不同，但在使用的时候不做区分。

需要注意的是，扩展名可以人为设定，扩展名为.txt 的文件也有可能是一张图片；同样，扩展名为.mp3 的文件也可能是一个视频。但是人为修改扩展名可能会导致文件损坏。

## 7.2　读写 TXT 文件

TXT 文件（文本文件）通常指的是以纯文本形式存储数据的文件，其扩展名为.txt。TXT 文件中的数据只包含文本字符，不包含任何格式或图片信息。

### 7.2.1　读取整个文件

读写文件是最常用的 I/O 操作，Python 内置了读写文件的函数，其用法与 C 语言中的用法兼容。

在读写文件之前，必须说明的是，在磁盘上读取文件的功能是由操作系统提供的。因为现在的操作系统不允许普通的操作程序直接操作磁盘，所以读写文件就是请求操作系统打开一个文件对象（通常称为文件描述符），然后通过操作系统提供的接口从这个文件对象中读取数据（读文件），或将数据写入打开的文件对象（写文件），具体流程如图7-1所示。

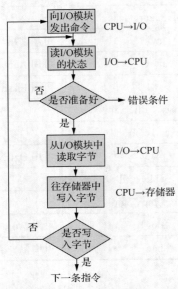

图7-1　设备和内存之间的 I/O 控制

若要读取文件，则需要先创建一个文件。下面是关于车载液氢系统"赛道1000"的相关内容，如下所示。

中国航天科技集团六院 101 所自主研制的我国首款百公斤级车载液氢系统"赛道1000"是液氢重卡的核心设备之一，将助力氢能重卡突破 1000km 续航里程，是我国将液氢应用于交通运输领域的重大技术突破。

该系统采用正向设计和模块化理念，通过对"储供加流程"深度优化整合，构建了液氢气瓶、阀箱、汽化缓冲、控制、承力结构五大模块，零部件全部实现国产化配套，核心技术自主可控。

相比上一代产品，"赛道1000"在相同外廓尺寸下，有效容积增大 20%，携氢量提升至百公斤级，液氢气瓶质量储氢密度达到12%，整体系统储氢密度超过10%。

要以读文件的方式打开一个文件对象，可以使用 Python 的内置函数 open 传入文件名与标识符。其中，标识符可指定文件打开模式为读取模式（r）、写入模式（w）、附加模式（a）或读取和写入模式（r+）。Python 默认以读取模式打开文件，如代码7-1所示。

### 代码 7-1　打开文件

```
>>> f = open('../data/science.txt', 'r', encoding='utf-8')
```

如果读取的文件不存在，或在当前工作路径下找不到要读取的文件，那么 open 函数将会抛出一个 IOError 错误，并且给出错误码和详细的信息以说明文件不存在，如代码7-2所示。

代码 7-2 文件不存在

```
>>> f = open('not_exist.txt', 'r')
FileNotFoundError: [Errno 2] No such file or directory: 'not_exist.txt'
```

如果文件存在且程序可以正常打开文件，那么即可使用 read 函数一次性读取文件的全部内容，并将文件内容读入内存，然后使用 print 函数将读取的文件内容输出，如代码 7-3 所示。

代码 7-3 读取文件

```
>>> # 打开 science.txt 文件并定义对象 f
>>> f = open('../data/science.txt', 'r', encoding='utf-8')
>>> txt = f.read()  # 读取文件 science.txt 的内容并赋值给变量 txt
>>> print(txt)  # 输出文件 science.txt 的内容
```
中国航天科技集团六院 101 所自主研制的我国首款百公斤级车载液氢系统"赛道 1000"是液氢重卡的核心设备之一，将助力氢能重卡突破 1000km 续航里程，是我国将液氢应用于交通运输领域的重大技术突破。
该系统采用正向设计和模块化理念，通过对"储供加流程"深度优化整合，构建了液氢气瓶、阀箱、汽化缓冲、控制、承力结构五大模块，零部件全部实现国产化配套，核心技术自主可控。
相比上一代产品，"赛道 1000"在相同外廓尺寸下，有效容积增大 20%，携氢量提升至百公斤级，液氢气瓶质量储氢密度达到 12%，整体系统储氢密度超过 10%。

文件使用完毕后必须关闭文件，这是因为文件对象会占用操作系统的资源，且操作系统在同一时间内能打开的文件数量是有限的。调用 close 函数关闭文件，如代码 7-4 所示。

代码 7-4 关闭文件

```
>>> f.close()
```

## 7.2.2 使用 with 语句读取文件

在文件读取的过程中，一旦程序抛出 IOError 错误，后面的 close 函数将不会再被调用。因此，在程序运行过程中，无论程序是否出错，都要确保程序能正常关闭文件，可以使用 try-finally 结构来实现，如代码 7-5 所示。

代码 7-5 使用 try-finally 结构

```
>>> try:
...     f = open('../data/science.txt', 'r', encoding='utf-8')
...     print(f.read())
... finally:
...     if 'f' in locals() and not f.closed:  # 检查 f 是否在局部变量中且未被关闭
...         f.close()
```
中国航天科技集团六院 101 所自主研制的我国首款百公斤级车载液氢系统"赛道 1000"是液氢重卡的

核心设备之一，将助力氢能重卡突破 1000km 续航里程，是我国将液氢应用于交通运输领域的重大技术突破。

该系统采用正向设计和模块化理念，通过对"储供加流程"深度优化整合，构建了液氢气瓶、阀箱、汽化缓冲、控制、承力结构五大模块，零部件全部实现国产化配套，核心技术自主可控。

相比上一代产品，"赛道 1000"在相同外廓尺寸下，有效容积增大 20%，携氢量提升至百公斤级，液氢气瓶质量储氢密度达到 12%，整体系统储氢密度超过 10%。

由代码 7-5 可知，虽然程序运行良好，但是在每次读取文件的时候，都需要编写 try-finally 结构，会使代码显得冗余。为此，Python 提供了更加优雅简洁的语法——with 语句。用 with 语句可以较好地处理上下文环境产生的异常，并自动调用 close 函数，如代码 7-6 所示。

代码 7-6　使用 with 语句

```
>>> with open('../data/science.txt', 'r', encoding='utf-8') as f:
...     print(f.read())
```

中国航天科技集团六院 101 所自主研制的我国首款百公斤级车载液氢系统"赛道 1000"是液氢重卡的核心设备之一，将助力氢能重卡突破 1000km 续航里程，是我国将液氢应用于交通运输领域的重大技术突破。

该系统采用正向设计和模块化理念，通过对"储供加流程"深度优化整合，构建了液氢气瓶、阀箱、汽化缓冲、控制、承力结构五大模块，零部件全部实现国产化配套，核心技术自主可控。

相比上一代产品，"赛道 1000"在相同外廓尺寸下，有效容积增大 20%，携氢量提升至百公斤级，液氢气瓶质量储氢密度达到 12%，整体系统储氢密度超过 10%。

在代码 7-6 中，with 语句的使用效果与代码 7-5 中 try-finally 结构的使用效果一样，但使用 with 语句的代码更为简洁，且不必手动调用 close 函数。

### 7.2.3　设置工作路径

在日常工作中，有时需要打开不在程序文件所属目录下的文件，例如，需要打开的文件 science.txt 存储在文件夹 text_file 中，而正在运行的 Python 程序存储在文件夹 code 中，那么在程序中就需要提供文件所在路径，使 Python 到系统特定位置查找并读取相应文件内容。

#### 1. 相对文件路径

如果文件夹 text_file 是文件夹 code 的子文件夹，即文件夹 text_file 在文件夹 code 中，那么需要提供相对文件路径让 Python 到指定位置查找文件，而该位置是相对于当前运行程序所在的目录而言的，即相对文件路径，如代码 7-7 所示。

代码 7-7　相对文件路径

```
>>> with open('text_file\science.txt', 'r', encoding='utf-8') as f:
...     print(f.read())
```

中国航天科技集团六院101所自主研制的我国首款百公斤级车载液氢系统"赛道1000"是液氢重卡的核心设备之一，将助力氢能重卡突破1000km续航里程，是我国将液氢应用于交通运输领域的重大技术突破。

该系统采用正向设计和模块化理念，通过对"储供加流程"深度优化整合，构建了液氢气瓶、阀箱、汽化缓冲、控制、承力结构五大模块，零部件全部实现国产化配套，核心技术自主可控。

相比上一代产品，"赛道1000"在相同外廓尺寸下，有效容积增大20%，携氢量提升至百公斤级，液氢气瓶质量储氢密度达到12%，整体系统储氢密度超过10%。

### 2. 绝对文件路径

如果文件夹 text_file 位于桌面，与文件夹 code 无关，那么要访问 science.txt 文件就需要提供完整的、准确的存储位置（即绝对文件路径）给程序，不需要考虑当前运行程序的存储位置，如代码7-8所示。

代码 7-8　绝对文件路径

```
>>> with open(r'C:\Users\Administrator\Desktop\text_file\science.txt',
...         'r', encoding='utf-8') as f:
...     print(f.read())
```

中国航天科技集团六院101所自主研制的我国首款百公斤级车载液氢系统"赛道1000"是液氢重卡的核心设备之一，将助力氢能重卡突破1000km续航里程，是我国将液氢应用于交通运输领域的重大技术突破。

该系统采用正向设计和模块化理念，通过对"储供加流程"深度优化整合，构建了液氢气瓶、阀箱、汽化缓冲、控制、承力结构五大模块，零部件全部实现国产化配套，核心技术自主可控。

相比上一代产品，"赛道1000"在相同外廓尺寸下，有效容积增大20%，携氢量提升至百公斤级，液氢气瓶质量储氢密度达到12%，整体系统储氢密度超过10%。

由代码7-8可知，在绝对文件路径前面需要添加字符"r"，原因是在 Window 系统下，读取文件可以使用反斜线，但是在字符串中反斜线会被当作转义符来使用，使得文件路径可能会被转义。因此，需要在绝对文件路径前添加字符"r"，声明字符串不用转义。

同时，路径也可以采用双反斜线（\\）方式表示，此时则不需要声明，如代码7-9所示。

代码 7-9　双反斜线方式

```
>>> with open('C:\\Users\\Administrator\\Desktop\\text_file\\science.txt',
...         'r', encoding='utf-8') as f:
...     print(f.read())
```

中国航天科技集团六院101所自主研制的我国首款百公斤级车载液氢系统"赛道1000"是液氢重卡的核心设备之一，将助力氢能重卡突破1000km续航里程，是我国将液氢应用于交通运输领域的重大技术突破。

该系统采用正向设计和模块化理念，通过对"储供加流程"深度优化整合，构建了液氢气瓶、阀箱、汽化缓冲、控制、承力结构五大模块，零部件全部实现国产化配套，核心技术自主可控。

相比上一代产品，"赛道 1000"在相同外廓尺寸下，有效容积增大 20%，携氢量提升至百公斤级，液氢气瓶质量储氢密度达到 12%，整体系统储氢密度超过 10%。

路径也可以使用正斜线方式表示，如代码 7-10 所示。

代码 7-10　正斜线方式

```
>>> with open('C:/Users/Administrator/Desktop/text_file/science.txt',
...         'r', encoding='utf-8') as f:
...     print(f.read())
```

中国航天科技集团六院 101 所自主研制的我国首款百公斤级车载液氢系统"赛道 1000"是液氢重卡的核心设备之一，将助力氢能重卡突破 1000km 续航里程，是我国将液氢应用于交通运输领域的重大技术突破。

该系统采用正向设计和模块化理念，通过对"储供加流程"深度优化整合，构建了液氢气瓶、阀箱、汽化缓冲、控制、承力结构五大模块，零部件全部实现国产化配套，核心技术自主可控。

相比上一代产品，"赛道 1000"在相同外廓尺寸下，有效容积增大 20%，携氢量提升至百公斤级，液氢气瓶质量储氢密度达到 12%，整体系统储氢密度超过 10%。

## 7.2.4　创建含有文件数据的列表

在读取文件时，通常需要检查文件中的每一行，可能需要在文件中查找特定的信息，或需要以某种方式修改文件中的文本。此时可以对文件对象使用 for 循环，如代码 7-11 所示。

代码 7-11　使用 for 循环进行文件内容的读取

```
>>> file_name = '../data/science.txt'
>>> with open(file_name, 'r', encoding='utf-8') as f:
...     for line_t in f:
...         print(line_t)
```

中国航天科技集团六院 101 所自主研制的我国首款百公斤级车载液氢系统"赛道 1000"是液氢重卡的核心设备之一，将助力氢能重卡突破 1000km 续航里程，是我国将液氢应用于交通运输领域的重大技术突破。

该系统采用正向设计和模块化理念，通过对"储供加流程"深度优化整合，构建了液氢气瓶、阀箱、汽化缓冲、控制、承力结构五大模块，零部件全部实现国产化配套，核心技术自主可控。

相比上一代产品，"赛道 1000"在相同外廓尺寸下，有效容积增大 20%，携氢量提升至百公斤级，液氢气瓶质量储氢密度达到 12%，整体系统储氢密度超过 10%。

在代码 7-11 中，将需要读取的文件名赋值给 file_name 变量是为了方便修改文件名与路径，这是使用文件时常见的做法。

代码 7-11 的运行结果中出现了很多空白行，空白行出现的原因是：在 science.txt 文档的每行末尾都有一个隐藏的换行符，print 函数也给输出的数据加上了换行符。

如果要消除换行符，那么可以使用 rstrip 函数删除字符串末尾的指定字符（默认为空格），如代码 7-12 所示。与 rstrip 函数相关联的是 lstrip 函数（删除字符串前面的指定字符）和 strip 函数（删除字符串首尾两端的指定字符）。

代码 7-12　消除换行符

```
>>> file_name = '../data/science.txt'
>>> with open(file_name, 'r', encoding='utf-8') as f:
...     for line_t in f:
...         print(line_t.rstrip())
```

中国航天科技集团六院 101 所自主研制的我国首款百公斤级车载液氢系统"赛道 1000"是液氢重卡的核心设备之一，将助力氢能重卡突破 1000km 续航里程，是我国将液氢应用于交通运输领域的重大技术突破。

该系统采用正向设计和模块化理念，通过对"储供加流程"深度优化整合，构建了液氢气瓶、阀箱、汽化缓冲、控制、承力结构五大模块，零部件全部实现国产化配套，核心技术自主可控。

相比上一代产品，"赛道 1000"在相同外廓尺寸下，有效容积增大 20%，携氢量提升至百公斤级，液氢气瓶质量储氢密度达到 12%，整体系统储氢密度超过 10%。

虽然 read 函数可用于读取整个文件的内容，但是读取的内容将被存储到数据类型是字符串的变量中，如代码 7-13 所示。

代码 7-13　read 函数

```
>>> with open('../data/science.txt', encoding='utf-8') as f:
...     txt = f.read()
>>> print(type(txt))
<class 'str'>
>>> print(txt)
```

中国航天科技集团六院 101 所自主研制的我国首款百公斤级车载液氢系统"赛道 1000"是液氢重卡的核心设备之一，将助力氢能重卡突破 1000km 续航里程，是我国将液氢应用于交通运输领域的重大技术突破。

该系统采用正向设计和模块化理念，通过对"储供加流程"深度优化整合，构建了液氢气瓶、阀箱、汽化缓冲、控制、承力结构五大模块，零部件全部实现国产化配套，核心技术自主可控。

相比上一代产品，"赛道 1000"在相同外廓尺寸下，有效容积增大 20%，携氢量提升至百公斤级，液氢气瓶质量储氢密度达到 12%，整体系统储氢密度超过 10%。

如果需要将读取的文件内容存储到一个列表里，可以使用 readlines 函数。该函数可以实现按行读取整个文件的内容，并将读取的内容存储到一个列表里，如代码 7-14 所示。

代码 7-14　readlines 函数

```
>>> with open('../data/science.txt', encoding='utf-8') as f:
...     txts = f.readlines()
>>> print(type(txts))
```

```
<class 'list'>
>>> print(txts)
```
['中国航天科技集团六院 101 所自主研制的我国首款百公斤级车载液氢系统"赛道 1000"是液氢重卡的核心设备之一，将助力氢能重卡突破 1000km 续航里程，是我国将液氢应用于交通运输领域的重大技术突破。\n', '该系统采用正向设计和模块化理念，通过对"储供加流程"深度优化整合，构建了液氢气瓶、阀箱、汽化缓冲、控制、承力结构五大模块，零部件全部实现国产化配套，核心技术自主可控。\n', '相比上一代产品，"赛道 1000"在相同外廓尺寸下，有效容积增大 20%，携氢量提升至百公斤级，液氢气瓶质量储氢密度达到 12%，整体系统储氢密度超过 10%。']

为了使 readlines 函数存储的列表能够被正常输出，可以使用 for 循环，如代码 7-15 所示。

代码 7-15　输出 readlines 函数存储的数据

```
>>> with open('../data/science.txt', encoding='utf-8') as f:
...     txts = f.readlines()
>>> for txt in txts:
...     print(txt.strip())
```
中国航天科技集团六院 101 所自主研制的我国首款百公斤级车载液氢系统"赛道 1000"是液氢重卡的核心设备之一，将助力氢能重卡突破 1000km 续航里程，是我国将液氢应用于交通运输领域的重大技术突破。
该系统采用正向设计和模块化理念，通过对"储供加流程"深度优化整合，构建了液氢气瓶、阀箱、汽化缓冲、控制、承力结构五大模块，零部件全部实现国产化配套，核心技术自主可控。
相比上一代产品，"赛道 1000"在相同外廓尺寸下，有效容积增大 20%，携氢量提升至百公斤级，液氢气瓶质量储氢密度达到 12%，整体系统储氢密度超过 10%。

此外，Python 还提供了 readline 函数，此函数可以对文件进行逐行读取并将读取到的一行内容存储到一个字符串变量中，返回字符串型数据，如代码 7-16 所示。

代码 7-16　readline 函数

```
>>> with open('../data/science.txt', encoding='utf-8') as f:
...     txt = f.readline()
>>> print(type(txt))
<class 'str'>
>>> print(txt)
```
中国航天科技集团六院 101 所自主研制的我国首款百公斤级车载液氢系统"赛道 1000"是液氢重卡的核心设备之一，将助力氢能重卡突破 1000km 续航里程，是我国将液氢应用于交通运输领域的重大技术突破。

因为 readline 函数实现的是逐行读取，所以在读取整个文件时，速度会比 readlines 函数的速度慢。当没有足够内存读取整个文件时，可以使用 readline 函数。

## 7.2.5 将数据写入 TXT 文件

### 1. 将数据写入文件

在 Python 的 open 函数中，标识符可指定文件打开模式，如果需要将数据写入文件，那么需要将标识符设置为 w。

如果要写入的文件不存在，那么 open 函数将自动创建文件。需要注意的是，如果文件已经存在，那么当以写入模式写入文件时程序会先清空对应文件，如代码 7-17 所示。

**代码 7-17　写入文件**

```
>>> f = open('../tmp/words.txt', 'w')
>>> f.write('Hello, world!')
>>> f.close()
```

在代码 7-17 中，虽然没有终端输出，但是可以在工作路径下打开 words.txt 文档来查看写入文档的内容，如图 7-2 所示。

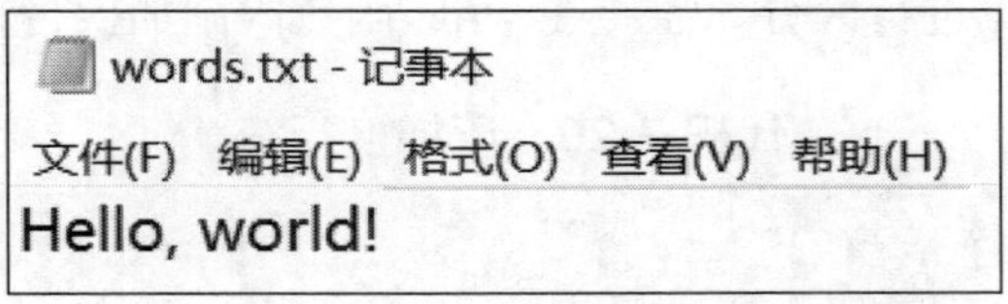

图 7-2　words.txt

需要注意的是，标识符 w 和 wb 分别表示写入文本文件和写入二进制文件（在 r 后面添加 b 表示读取二进制数据）。如果需要将数值型数据写入文本文件，那么必须先用 str 函数将数值型数据转换为字符串格式，如代码 7-18 所示。

**代码 7-18　将数值型数据写入文本文件**

```
>>> f = open('../data/data.txt', 'w')
>>> data = list(range(1, 11))
>>> f.write(data)
TypeError: write() argument must be str, not list
>>> f.write(str(data))
31
>>> f.close()
```

写入内容后可查看写入的文件，效果如图 7-3 所示。

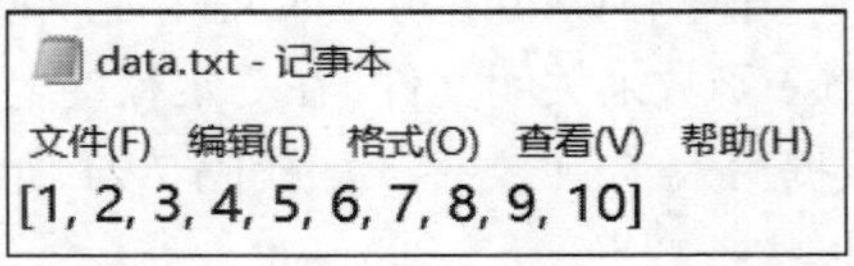

图 7-3　data.txt

需要注意的是，在写入多行数据时，write 函数不会自动添加换行符（\n），此时会出现几行数据排在一行的情况，如代码 7-19 所示。

代码 7-19　write 函数

```
>>> f = open('../tmp/words.txt', 'w')
>>> f.write('Hello, world!')
>>> f.write('I love Python!')
>>> f.close()
```

写入效果如图 7-4 所示，两行数据处于同一行。

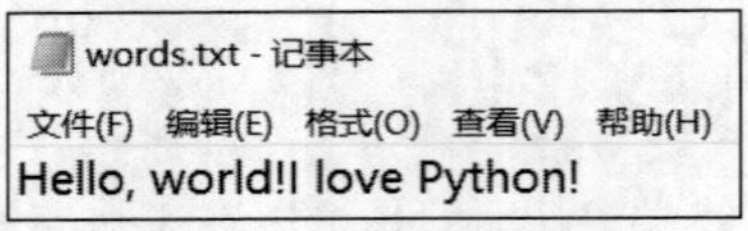

图 7-4　两行数据处于同一行

为了将行与行的数据进行区分，需要在 write 函数内添加换行符，如代码 7-20 所示。

代码 7-20　添加换行符

```
>>> f = open('../tmp/words.txt', 'w')
>>> f.write('Hello, world!\n')
>>> f.write('I love Python!\n')
>>> f.close()
```

添加换行符后的写入效果如图 7-5 所示。

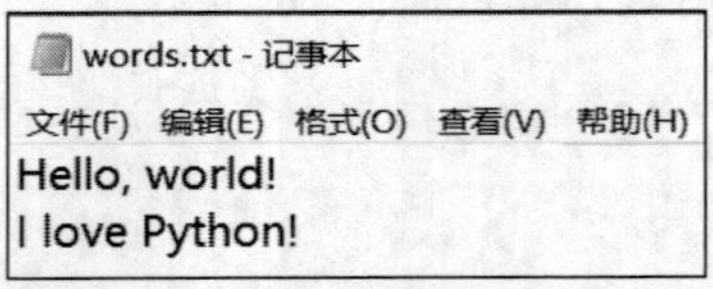

图 7-5　添加换行符后的写入效果

### 2. 使用 with 语句将数据写入 TXT 文件

在反复调用 write 函数将数据写入文件之后，务必调用 close 函数来关闭文件。在将数据写入文件的过程中，操作系统往往不会立刻将数据写入磁盘，而是将数据放到内存中存储起来，在空闲的时候再慢慢写入。只有调用 close 函数时，操作系统才会保证将没有写入的数据全部写入磁盘。忘记调用 close 函数可能会导致操作系统出现只写入一部分数据到磁盘，而剩余数据丢失的情况。当使用 with 语句写入文件时，with 语句获取了应用上下文，并可以在结束时自动调用 close 函数来关闭文件，在一定程度上避免了数据读写时造成的数据丢失。使用 with 语句将数据写入 TXT 文件，如代码 7-21 所示。

代码 7-21　使用 with 语句将数据写入 TXT 文件

```
>>> with open('../tmp/words.txt', 'w') as f:
```

```
...    f.write('Hello, world!\n')
...    f.write('I love Python!\n')
```

要写入特定编码的文本文件，需要给 open 函数传入 encoding 参数，将字符串自动转换成特定编码。open 函数默认 encoding 参数值为 UTF-8。要读取非 UTF-8 编码的文本文件，如读取 GBK 编码的文件，需要给 open 函数传入 encoding 参数，如代码 7-22 所示。

代码 7-22　加入编码方式

```
>>> f = open('../tmp/words.txt', 'w', encoding = 'gbk')
>>> print(f.write('Hello, world!\n '))
13
```

### 3. 对文件添加内容

当编写代码时，如果需要给文件添加内容，但不覆盖文件原内容，那么需要以附加模式（a）打开文件，此时写入的内容会附加到文件末尾，而不会覆盖原内容，如代码 7-23 所示。

代码 7-23　对文件添加内容

```
>>> with open('../tmp/words.txt', 'a') as f:
...    f.write("What's your favourite language?\n")
...    f.write('My favourite language is Python too.\n')
```

代码 7-23 可实现将两行字符串附加到文件末尾的效果，文件效果如图 7-6 所示。

```
words.txt - 记事本
文件(F)  编辑(E)  格式(O)  查看(V)  帮助(H)
Hello, world!
What's your favourite language?
My favourite language is Python too.
```

图 7-6　附加两行字符串到文件末尾的效果

## 【任务 7-1】读取 content.txt 文件中的数据

 任务描述

量子计算作为一种新型的计算模式，以其独特的并行性和高效性受到了广泛关注。为了帮助读者更好地理解这一领域，已收集了量子计算的相关概念存储于 content.txt 文件中。现在通过 Python 编程提取文件内容，便于读者了解量子计算的相关概念。

【任务 7-1】读取 content.txt 文件中的数据

 任务实现

打开并读取 content.txt 文件，输出相关内容，参考代码如任务实现 7-1 所示。

任务实现 7-1　打开并读取 content.txt 文件

```
>>> with open('../data/content.txt', encoding='utf-8') as file_object:
```

```
...        contents = file_object.readlines()
...        # 使用 end='' 参数来避免在每行末尾添加额外的换行符
...        for line in contents:
...            print(line, end='')
```

中国第三代自主超导量子计算机"本源悟空"核心部件——高密度微波互连模组在合肥完成重大突破，成功解决"一根线"的"卡脖子"问题，实现完全国产化。

量子芯片是"量子计算大脑"，需要在-273.12℃或更低的极低温环境中运行。高密度微波互连模组则是"神经网络"，既要能准确传输信号，又要隔绝热量，为"量子计算大脑"与外部设备之间的量子信息传输建立起高速、稳定的通道。

在高密度微波互连模组中，有一根至关重要的"线"——极低温特种高频同轴线缆。

这款国产高密度微波互连模组可为 100+位量子芯片提供微波信号传输通道，能够在极低热泄漏环境下实现微波信号的跨温区稳定传输。该模组的成功研发使得量子芯片能够发挥出更强大的计算能力，有助于我国量子计算机更高效运行。

本任务通过编写 Python 代码成功读取了 content.txt 文件中的内容，使读者进一步了解了量子芯片的独特运行环境和关键组成部分。这一过程不仅可加深读者对量子计算模式的理解，还为读者未来探索量子领域提供了有力的技术支持。

## 7.3  读写 CSV 文件

逗号分隔值（Comma-Separated Value，CSV）也称字符分隔值，是一种通用的、相对简单的文件格式，常用于程序之间表格数据的转移。

CSV 文件由任意数目的记录组成，记录间以某种换行符分隔；每条记录由字段组成，字段间的分隔符是其他字符或字符串，常见的分隔符是逗号或制表符。

### 7.3.1  读取 CSV 文件

编写程序时，可能需要将数据转移到 CSV 文件中，此时可以考虑使用 Python 的内置模块——csv 模块。在程序中，用命令 import csv 导入 csv 模块后可直接调用 csv 模块进行 CSV 文件的读写。

在读取 CSV 文件之前，先选择一个用 CSV 文件格式存储数据的数据集（如 carsales 数据集）作为演示的例子。

carsales 数据集即汽车销售数据集，是常用的分类实验数据集，包括 6 个属性——汽车销售年份、汽车销售月份、汽车品牌、汽车型号、售价区间/万元、销售数量/辆，部分数据如表 7-2 所示。

表 7-2  carsales 数据集部分数据

| 汽车销售年份 | 汽车销售月份 | 汽车品牌 | 汽车型号 | 售价区间/万元 | 销售数量/辆 |
|---|---|---|---|---|---|
| 2023 | 12 | 厂商 CZ | 车型 RFE3 | 17.48～20.88 | 67 |
| 2023 | 12 | 厂商 AP | 车型 GQFTbZ4X | 19.98～28.78 | 49 |

| 汽车销售年份 | 汽车销售月份 | 汽车品牌 | 汽车型号 | 售价区间/万元 | 销售数量/辆 |
|---|---|---|---|---|---|
| 2023 | 12 | 厂商 AF | 车型 BYDD1 | 16.08～16.98 | 55 |
| 2023 | 12 | 厂商 BH | 车型 WEWS60XNY | 39.99～46.19 | 55 |
| 2023 | 12 | 厂商 BY | 车型 ZAZX9EV | 13.28～16.89 | 52 |

读取 CSV 文件之前需要用 open 函数打开文件。

读取 CSV 文件的方法有两种。第一种方法是使用 csv.reader 函数，接收一个可迭代的对象（如 CSV 文件），返回一个生成器，从其中解析出 CSV 文件的内容。

使用 csv.reader 函数读取存储 carsales 数据集的 carsales.csv 文件的全部内容，并将其存储为列表，如代码 7-24 所示。

代码 7-24　使用 csv.reader 函数读取 carsales.csv 文件

```
>>> import csv
>>> with open('../data/carsales.csv', 'r', encoding='utf-8') as f:
...     reader = csv.reader(f)
...     carsales = [carsales_item for carsales_item in reader]
>>> print(carsales)
[['汽车销售年份', '汽车销售月份', '汽车品牌', '汽车型号', '售价区间/万元', '销售数量/
辆'], ['2023', '12', '厂商 CZ', '车型 RFE3', '17.48 ～ 20.88', '67'], ['2023', '12',
'厂商 AF', '车型 BYDD1', '16.08 ～ 16.98', '55'],…]
```

注：部分结果已省略。

读取 CSV 文件的第二种方法是使用 csv.DictReader 类，该类与 csv.reader 函数类似，接收一个可迭代的对象，返回一个生成器，但是返回的每一个单元格都放在一个字典的值内，而字典的键则是这个单元格的标题（即列头）。

使用 csv.DictReader 类读取 carsales.csv 文件，如代码 7-25 所示。

代码 7-25　使用 csv.DictReader 类读取 carsales.csv 文件

```
>>> with open('../data/carsales.csv', 'r', encoding='utf-8') as f:
...     reader = csv.DictReader(f)
...     carsales1 = [carsales_item for carsales_item in reader]
>>> print(carsales1)
[{'汽车销售年份': '2020', '汽车销售月份': '1', '汽车品牌': '厂商 AA', '汽车型号': '
车型 RWEi5', '售价区间/万元': '13.98 ～ 15.38', '销售数量/辆': '3068'}, {'汽车销售
年份': '2020', '汽车销售月份': '1', '汽车品牌': '厂商 AB', '汽车型号': '车型 BM5XXNY',
'售价区间/万元': '49.99 ～ 54.65', '销售数量/辆': '3000'},…]
```

注：部分结果已省略。

如果使用 csv.DictReader 类读取 CSV 文件的某一列，那么可以用列名（如汽车型号）查询，如代码 7-26 所示。

代码 7-26　使用 csv.DictReader 类读取 CSV 文件的某一列

```
>>> with open('../data/carsales.csv', 'r', encoding='utf-8') as f:
...     reader = csv.DictReader(f)
...     column = [carsales_item['汽车型号'] for carsales_item in reader]
>>> print(column)
['车型 RWEi5', '车型 BM5XXNY', '车型 PSTXNY', '车型 BTB30EV', '车型 WLES6', '车型 QXNY',
'车型 WEY VV7XNY',…]
```

注：部分结果已省略。

### 7.3.2　将数据写入 CSV 文件

对于列表形式的数据，除了 writer 函数外，我们还需要用到 writerow 函数将数据逐行写入 CSV 文件。使用 writer 函数和 writerow 函数将数据写入 CSV 文件的示例如代码 7-27 所示。

代码 7-27　写入数据

```
>>> with open('../tmp/test.csv', 'w', newline = '') as f:
...     write_csv = csv.writer(f)
...     write_csv.writerow(carsales)
```

对于字典形式的数据，csv 模块提供了 csv.DictWriter 类。将字典形式的数据写入 CSV 文件，除了使用 open 函数外，还需要输入字典所有键的数据，然后通过 writeheader 函数在文件中添加标题，标题内容与键一致，最后使用 writerows 函数将字典内容写入文件，如代码 7-28 所示。

代码 7-28　写入字典内容

```
>>> my_key = []   # 键的集合
>>> for i in carsales1[0].keys():
...     my_key.append(i)
>>> with open('../tmp/test.csv', 'w', newline = '') as f:
...     write_csv = csv.DictWriter(f, my_key)
...     write_csv.writeheader()   # 输入标题
...     write_csv.writerows(carsales1)   # 输入数据
```

### 【任务 7-2】存储身高体重数据集

任务描述

为了了解学生的身高、体重情况，某学校随机抽取了 100 名学生，对他们的身高、体重信息进行统计，并存储为身高体重数据集（height_weight.csv 文件），部分数据如表 7-3 所示。为了解这 100 名学生在身高、体重方面的情况，需要分别计算"身高/cm"和"体重/kg"两个字段数据的均值和方差，并将得出的均值和方差存储到 result_mean_var.csv 文件中。

【任务 7-2】存储
身高体重数据集

表 7-3　身高体重数据集（部分）

| 编　号 | 身高/cm | 体重/kg | 编　号 | 身高/cm | 体重/kg |
|---|---|---|---|---|---|
| 1 | 167.09 | 56.5 | 6 | 174.49 | 61.65 |
| 2 | 181.65 | 68.24 | 7 | 177.3 | 70.75 |
| 3 | 176.27 | 76.51 | 8 | 177.84 | 68.23 |
| 4 | 173.27 | 71.17 | 9 | 172.47 | 56.19 |
| 5 | 172.18 | 72.15 | 10 | 169.63 | 60.33 |

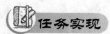

（1）读取 height_weight.csv 文件，并分别把"身高/cm"和"体重/kg"数据存储为列表形式，参考代码如任务实现 7-2 所示。

### 任务实现 7-2　存储列表

```
>>> import csv
>>> # 读取身高体重数据集
>>> file_name = '../data/height_weight.csv'
>>> # 读取"身高/cm"列，存入 height 列表变量
>>> with open(file_name, 'r', encoding='utf-8') as f:
...     reader = csv.DictReader(f)
...     height = [item['身高/cm'] for item in reader]
>>> # 读取"体重/kg"列，存入 weight 列表变量
>>> with open(file_name, 'r', encoding='utf-8') as f:
...     reader = csv.DictReader(f)
...     weight = [item['体重/kg'] for item in reader]
```

（2）将"身高/cm"和"体重/kg"字符串转换为浮点数，参考代码如任务实现 7-3 所示。

### 任务实现 7-3　字符串转换为浮点数

```
>>> # 将字符串转换为浮点数
>>> height = [float(x) for x in height]
>>> weight = [float(y) for y in weight]
```

（3）计算"身高/cm"和"体重/kg"两个字段各自的均值和方差，结果保留两位小数，并分别赋值给变量 height_mean、height_var、weight_mean、weight_var，参考代码如任务实现 7-4 所示。

### 任务实现 7-4　计算均值和方差

```
>>> # 计算身高的均值
>>> height_mean = sum(height) / len(height)
>>> print(round(height_mean, 2))
173.06
>>> # 计算身高的方差
>>> height_var = sum([(height_mean - i) ** 2 for i in height]) / len(height)
>>> print(round(height_var, 2))
21.52
>>> # 计算体重的均值
>>> weight_mean = sum(weight) / len(weight)
>>> print(round(weight_mean, 2))
64.67
>>> # 计算体重的方差
>>> weight_var = sum([(weight_mean - i) ** 2 for i in weight]) / len(weight)
>>> print(round(weight_var, 2))
36.25
```

（4）将处理后的数据写入新建文件 result_mean_var.csv，确保数据与属性保持一致，参考代码如任务实现 7-5 所示。

### 任务实现 7-5　写入文件

```
>>> # 将结果存入列表变量
>>> result_mean_var = [height_mean, height_var, weight_mean, weight_var]
>>> # 将结果写入 CSV 文件
>>> with open('../tmp/result_mean_var.csv', 'w') as f:
...     write_csv = csv.writer(f)
...     write_csv.writerow(result_mean_var)
```

通过计算均值和方差，学校可以更好地关注学生的身体健康，制定合理的体育活动和饮食计划，促进学生全面发展。

## 单元小结

本单元介绍了 Python 读写.txt 文件的方法，并介绍了如何使用内置 csv 模块进行 CSV 文件的读写。

## 单元实训　实现旅游日志的数据保存与加载

### 1. 实训要点

（1）掌握文件的基本读写操作。

（2）掌握使用文件保存和加载复杂数据结构。

（3）掌握使用自定义格式处理数据。

（4）掌握异常处理在文件操作中的应用。

### 2. 需求说明

为确保用户可以持久化保存旅游记录，并能够在需要时重新加载数据，本实训需要实现文件读写功能。系统将允许用户将旅游日志条目保存到文件中，并能从文件中读取条目。每个旅游日志条目包括日期、地点、活动、想法、预算和距离旅游的天数等信息，这些信息在文件中使用逗号进行分隔，而活动列表则通过分号分隔，以支持条目中可能包含的复数数据。此外，在实现数据的持久化存储和加载过程中，必须处理可能发生的数据格式错误和读写异常，确保系统的稳定运行和数据的安全。

### 3. 实训思路及步骤

（1）基于单元 6 单元实训的代码，在主体实训代码文件中定义 save_entries 函数，将 TravelDiary 类中管理的 TravelDiaryEntry 对象列表保存到文件中。save_entries 函数的参数为 filename、entries，分别用于指定文件名和旅游日志条目的列表。在文件中，每个条目的信息（日期、地点、活动、想法、预算、距离旅游的天数）使用逗号分隔，活动列表使用分号分隔。

（2）定义 load_entries 函数从文件中读取旅游日志条目，并重构这些条目的对象列表。load_entries 函数的参数为 filename，用于指定文件名。从文件中解析得到数据，将这些数据进行字符串分割并转换回相应的数据类型，再创建 TravelDiaryEntry 对象并添加到列表中。

（3）创建 TravelDiary 类的实例，添加几个具体的日志条目，并通过调用 save_entries 函数保存日志条目到文件中。然后通过调用 load_entries 函数加载日志条目，并显示所有加载的条目信息以验证数据是否正确加载。

## 单元测试

### 1. 选择题

（1）下列关于使用 open 函数读取文件的说法不正确的是（　　　）。

　　A. 默认以读取模式打开文件

　　B. 以读取模式打开文件时文件必须已存在

C. 以读取模式打开文件时若文件不存在则创建对应文件

D. 文件打开模式包括读取模式（r）、写入模式（w）、附加模式（a），以及读取和写入模式（r+）

（2）下列关于绝对文件路径的使用不正确的是（　　　　）。

A. r'C:\Users\45543\Desktop\text_file\science.txt'

B. 'C:\\Users\\45543\\Desktop\\text_file\\science.txt'

C. 'C:/Users/45543/Desktop/text_file/science.txt'

D. 'C://Users//45543//Desktop//text_file//science.txt'

（3）若需要将读取的文件内容存储到一个列表中，可以使用（　　　）函数。

A. read　　　　　　　　B. readlines　　　　C. readline　　　　　　　D. write

（4）下列关于将数据写入文件的说法不正确的是（　　　）。

A. 在写入模式（w）下，当写入的文件不存在时，open 函数将自动创建文件

B. 在写入模式（w）下，当写入的文件已存在时，open 函数会先清空文件

C. 对文件写入多行数据时，write 函数会自动添加换行符

D. 将数值型数据写入文本文件时，必须先将数值型数据转化为字符串型数据

（5）删除字符串末尾指定字符的操作方法是（　　　）。

A. strip　　　　　　　　B. rstrip　　　　　　C. lstrip　　　　　　　D. estrip

（6）下列关于 Python 读取文件的说法不正确的是（　　　）。

A. 读取 CSV 文件时会默认打开文件路径，不需要设置 open 函数

B. 使用 csv.reader 函数读取 CSV 文件内容，并存为列表

C. 使用 csv.DictReader 类读取 CSV 文件内容，并存为字典

D. 使用 csv.DictReader 类时，可以用列名查询读取 CSV 文件的某一列

（7）对于字典形式的数据，Python 将其写入 CSV 文件时需要用到的函数或类是（　　　）。

A. csv.write　　　　　　　　　　　　B. csv.DictWrite

C. csv.DictWriter　　　　　　　　　　D. csv.dictwrite

（8）下列文件扩展名属于文档文件的是（　　　）。

A. .avi　　　　　　　　B. .exe　　　　　　　C. .tmp　　　　　　　D. .html

（9）下列说法正确的是（　　　）。

A. 若读取文件不存在，open 函数会自动创建文件

B. 当读取文件时，需要在相对文件路径前面加 r

C. 通常使用 strip 函数删除字符串首尾两端的指定字符

D. 写入多行数据时，write 函数会自动添加换行符

（10）open 函数的默认 encoding 参数是（　　　）。

A. UTF-7　　　　　　　B. UTF-8　　　　　　C. url　　　　　　　　D. gbk

2. 操作题

（1）对"命运.txt"文件进行字符频次统计，输出频次最高的中文字符（不包含标点符

号）及其频次。

（2）将某公司职员随身佩戴的位置传感器采集的数据存为文件名为"sensor.txt"的文件，提取出传感器编号为 earpa00 的所有数据，将结果保存为"earpa00.txt"。

（3）网络上有很多《论语》的文本版本，现在提供其中的某一个版本，文件名为"论语-提取版.txt"。在此基础上，利用 Python 程序去掉每行文字中的所有括号及其内部数字，最后将文件保存为"论语-原文.txt"。

（4）对《天龙八部》文本中出现的汉字和标点符号进行统计，字符与出现次数之间用冒号分隔，将输出保存到"天龙八部-字符统计.txt"文件中（注：不统计空格和回车符）。

（5）老王的女儿给老王记录了一段时间内的血压测量值，将相关数据存为文件名为"血压记录.txt"的文件。利用 Python 语言编写程序，获取老王的左臂和右臂的血压平均值、左臂和右臂的高压最高值和低压最高值、左臂和右臂的高/低压差平均值，输出对比表。

### 3. 实践题

（1）通过对不同年龄段居民对所生活的城市的满意度进行调查，可以更好地了解城市居民的需求，从而帮助城市规划者和政策制定者改善城市环境和服务。满意度调查结果如表 7-4 所示，数据字段包括姓名、年龄/岁、所在城市和满意度/%。

表 7-4　满意度调查结果

| 姓名 | 年龄/岁 | 所在城市 | 满意度/% |
|---|---|---|---|
| 赵一 | 15 | 北京 | 95 |
| 孙二 | 20 | 成都 | 98 |
| 钱三 | 24 | 重庆 | 51 |
| 苏四 | 37 | 重庆 | 81 |
| 张三 | 58 | 广州 | 91 |
| 李三 | 72 | 东莞 | 60 |
| 赵六 | 23 | 合肥 | 81 |
| 唐三 | 41 | 南京 | 88 |
| 孙三 | 22 | 福州 | 99 |
| 李四 | 59 | 长沙 | 88 |

为了更好地分析数据和与其他部门共享结果，需要将收集到的数据保存为一个 CSV 文件，以便后续在各种数据分析软件中使用，具体步骤如下。

① 定义包括列名的数据。

② 指定 CSV 文件保存的路径。

③ 使用 with 语句写入列名和数据。

（2）为保护公共健康、制定环保法规、推动科学研究、促进环境保护和可持续发展，现对某地 1 月份的空气质量进行监测和分析。监测数据被记录在名为"air.csv"的文件中，部分数据如表 7-5 所示。

表 7-5　空气质量监测数据（部分）

| 日期 | $PM_{2.5}/(\mu g/m^3)$ | $PM_{10}/(\mu g/m^3)$ | $CO/(mg/m^3)$ | $CO_2/(mg/m^3)$ |
|---|---|---|---|---|
| 2024/1/1 | 1.8 | 8.7 | 0.24 | 15.6 |
| 2024/1/2 | 1.9 | 8.9 | 0.39 | 14.7 |
| 2024/1/3 | 1.6 | 7.1 | 0.55 | 18.2 |
| 2024/1/4 | 2.7 | 7.7 | 0.78 | 20.1 |
| 2024/1/5 | 2.1 | 6.7 | 0.33 | 22.5 |
| 2024/1/6 | 3.1 | 9.1 | 0.36 | 18.6 |
| 2024/1/7 | 2.4 | 8.5 | 0.41 | 17.9 |
| 2024/1/8 | 1.9 | 6.8 | 0.54 | 17.2 |
| 2024/1/9 | 1.8 | 6.4 | 0.67 | 18.6 |
| 2024/1/10 | 3.1 | 8.9 | 0.54 | 14.6 |

为了评估空气质量的现状和趋势，可计算该时期内 $PM_{2.5}$、$PM_{10}$、CO 和 $CO_2$ 的平均浓度，具体操作如下。

① 读取文件所在路径，并指定更新后的文件保存路径。

② 初始化变量。初始化一个列表用于存储每列的总和。初始化一个计数器，用于计数行数。初始化一个布尔型变量，用于标记是否是第一行。

③ 使用 with 语句打开两个文件。

④ 使用 for 循环遍历 air.csv 文件。

⑤ 使用 if 语句判断是否是标题行，若是标题行，则在新文件写入标题行，并更改标记；初始化列表，长度为列数减 1。

⑥ 使用 for 循环，累计列数据和。把遍历的数据写进新文件，行数加 1。

⑦ 计算每列的平均值。

⑧ 在新文件里添加平均值行。

# 单元 ⑧ Python 常用的模块/库

Python 之所以简洁明了，最重要的原因之一是它自带各种各样的内置模块/库，可供程序开发人员直接使用。Python 中内置模块/库的功能极其丰富，可实现科学计算、文件处理和数值生成等功能。本章主要介绍 Python 常用的模块/库，包含 os 模块、math 模块、random 模块和 re 模块，以及其他常用模块/库。

## 思维导图

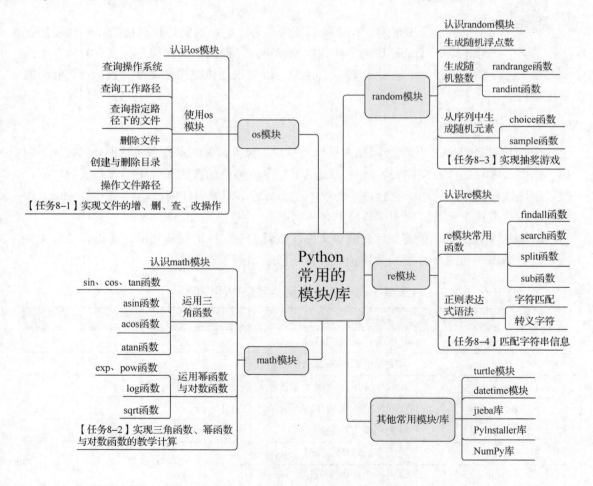

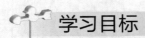

## 学习目标

（1）了解各常用内置模块/库的功能与操作。
（2）了解各常用内置模块/库下常用函数的作用。
（3）熟悉各常用函数的基本结构和语法。
（4）掌握各常用函数的使用方法。

## 素养目标

（1）通过使用 os 模块进行文件和目录操作，培养学生资源管理的意识，提高使用计算机资源的效率和规范性。
（2）通过学习、使用 math 模块，加深学生对数学知识的理解，提高数学素养。

8.1 Python 常用
的模块/库

## 8.1 os 模块

操作系统是计算机系统的核心，它负责管理计算机的硬件和软件资源。Python 作为一种高级编程语言，提供了与操作系统交互的强大工具 os 模块。通过 os 模块，用户可以轻松地执行操作文件和目录、获取环境变量等任务。

### 8.1.1 认识 os 模块

os 模块是 Python 中用于访问操作系统的模块，包含普遍的操作系统功能，如复制、创建、修改、删除文件及文件夹。os 模块提供了一个可移植的方法来使用操作系统的功能，使得程序能够跨平台使用，它允许一个程序在编写后不需要做任何改动，即可在 Linux 和 Windows 等系统下运行，便于编写跨平台的程序。

os 模块不仅提供了创建文件、删除文件、查看文件属性的操作功能，还提供了对文件路径进行操作的功能。os 模块常用函数及作用说明如表 8-1 所示。

表 8-1　os 模块常用函数及作用说明

| 函数名称 | 函数作用 |
| --- | --- |
| os.name | 获取操作系统的名称 |
| os.chdir | 改变当前工作路径到指定路径 |
| os.sep | 获取相应操作系统下文件路径的分隔符 |
| os.linesep | 获取当前系统使用的行分隔（或终止）符 |
| os.getcwd | 返回当前工作路径 |
| os.getenv | 返回当前环境变量 |
| os.putenv | 设置一个环境变量值 |
| os.system | 用于执行 Shell 命令 |

| 函数名称 | 函数作用 |
|---|---|
| os.curdir | 返回当前路径 |
| os.listdir | 返回指定路径中所有文件和目录的名称 |
| os.remove | 删除指定文件 |
| os.mkdir | 创建新目录 |
| os.unlink | 删除指定文件 |
| os.rmdir | 删除指定的空目录 |
| os.path | 提供各种通用的对文件路径的操作 |
| os.rename | 重命名或移动文件 |

### 8.1.2  使用 os 模块

os 模块提供了常见的文件基础操作接口函数，可实现增、删、查、改等功能。当 os 模块被导入后，它便可根据不同的平台进行相应的操作。在 Python 中通常使用 os 模块进行以下常用操作。

#### 1. 查询操作系统

在使用 os 模块时，如果需要查询当前操作系统，可以使用 name 函数获取操作系统的名称。若是 Windows 系统，则返回 nt；若是 Linux/UNIX 系统，则返回 posix。

使用 sep 函数可以查询相应操作系统下文件路径的分隔符。Windows 系统使用"\"分隔路径，Linux 系统的路径分隔符是"/"，而 macOS 的路径分隔符是":"。

Windows 系统下使用 os 模块查询操作系统的示例如代码 8-1 所示。

代码 8-1　查询操作系统

```
>>> import os
>>> print(os.name)  # 查询操作系统名称
nt
>>> print(os.sep)  # 查询文件路径的分隔符
\
```

#### 2. 查询工作路径

如果需要了解 Python 的工作路径，那么可以使用 getcwd 函数进行查询，如代码 8-2 所示。

代码 8-2　查询工作路径

```
>>> path = os.getcwd()  # 查询当前工作路径，并赋值给 path
>>> print(path)
```

```
C:\Users\Desktop\code
```

### 3. 查询指定路径下的文件

使用 listdir 函数可以查询指定路径下的所有文件和目录名，如代码 8-3 所示。

代码 8-3　查询指定路径下的文件

```
>>> print(os.listdir(path))  # 查询当前工作路径下的文件
['.idea', '示例代码 1.py', '示例代码 2.py', '示例代码 3.py']
```

### 4. 删除文件

使用 remove 函数可以删除指定文件，如代码 8-4 所示。

代码 8-4　删除指定文件

```
>>> os.remove('../tmp/test.xlsx')  # 删除指定文件
```

### 5. 创建与删除目录

使用 mkdir 函数可以创建目录，使用 rmdir 函数可以删除指定的空目录。其中，当使用 rmdir 函数删除指定路径的目录时，这个目录必须是空的，即不包含任何文件或子文件夹。创建与删除目录的示例如代码 8-5 所示。

代码 8-5　创建与删除目录

```
>>> os.mkdir('my_file')  # 创建目录
>>> os.rmdir('my_file')  # 删除目录
```

### 6. 操作文件路径

os 模块里含有 os.path 模块的相关函数，提供了相应的对文件路径的操作。os.path 模块常用函数及作用说明如表 8-2 所示。

表 8-2　os.path 模块常用函数及作用说明

| 函数名称 | 函数作用 |
| --- | --- |
| os.path.isdir(name) | 判断选择的对象是否为目录，返回值为布尔型 |
| os.path.isfile(name) | 判断选择的对象文件是否存在，返回值为布尔型 |
| os.path.exists(name) | 判断是否存在文件或目录对象 |
| os.path.getsize(name) | 获得文件大小，如果对象是目录，那么返回 0L |
| os.path.abspath(name) | 获得绝对文件路径 |
| os.path.isabs(name) | 判断是否为绝对文件路径 |
| os.path.normpath(name) | 规范输入对象字符串形式 |
| os.path.split(name) | 分隔文件名与目录（如果完全使用目录，那么它会将最后一个目录作为文件名而使其分隔，同时它不会判断文件或目录是否存在） |

续表

| 函数名称 | 函数作用 |
|---|---|
| os.path.splitext(name) | 分隔文件名和扩展名 |
| os.path.join(path,name) | 连接目录与文件名或目录 |
| os.path.basename(name) | 返回文件名 |
| os.path.dirname(name) | 返回文件路径 |

## 【任务 8-1】实现文件的增、删、查、改操作

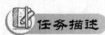 任务描述

【任务 8-1】实现文件的增、删、查、改操作

　　为确保学生信息的安全与有序管理，某高校计划实施信息整合措施，旨在创建一个专门的文件夹用于存储学生信息，实现对信息的集中化处理。同时，为了保证工作路径的整洁和高效，该高校将对路径中的文件进行整理，移除不再需要的其他文件。

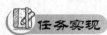 任务实现

　　根据任务描述，本任务的具体实现步骤如下。

　　（1）指定目标路径，并使用 os 模块中的 mkdir 函数创建名为"学生信息收集"的文件夹，参考代码如任务实现 8-1 所示。

### 任务实现 8-1　创建文件夹

```
>>> import os
>>> # 指定目标路径为../data
>>> target_path = os.path.join('..', 'data')
>>> # 创建文件夹
>>> os.mkdir(os.path.join(target_path, '学生信息收集'))
```

　　（2）使用 os 模块中的 getcwd 函数查询当前工作路径，参考代码如任务实现 8-2 所示。

### 任务实现 8-2　查询当前工作路径

```
>>> # 查询当前工作路径
>>> path = os.getcwd()
>>> print(path)
D:\pythonProject\test\code
```

　　（3）使用 os 模块中的 rename 函数将目标工作路径中各学生的信息文件移至"学生信息收集"文件夹中，参考代码如任务实现 8-3 所示。

### 任务实现 8-3　移动文件

```
>>> # 移动学生信息文件
```

```
>>> source = os.path.join(target_path, '学生信息表.xlsx')
>>> destination = os.path.join(
...     target_path, '学生信息收集', os.path.basename(source))
>>> os.rename(source, destination)
```

（4）使用 os 模块中的 rmdir 函数删除除新建文件夹之外的其他文件夹，需要先用 if 语句判断文件夹是否存在，参考代码如任务实现 8-4 所示。

任务实现 8-4　删除文件夹

```
>>> # 删除../data 路径下的"学生家庭信息"文件夹
>>> # 首先检查路径是否存在且为文件夹
>>> family_info_path = os.path.join(target_path, '学生家庭信息')
>>> if os.path.exists(family_info_path) and os.path.isdir(family_info_path):
...     # 递归删除文件夹
...     os.rmdir(family_info_path)
```

文件管理流程极大提高了数据处理的速度和准确性，增强了整体的工作效率，优化后的工作路径减少了冗余步骤，实现了资源的合理分配，使得工作流程更加顺畅和高效。

## 8.2　math 模块

数学是计算机科学和工程领域的基石。Python 的 math 模块为开发者提供了一系列丰富的数学函数和常量，使得用户执行数学计算变得简单。无论是进行科学计算、图形渲染还是数据分析，math 模块都是一个不可或缺的工具。

### 8.2.1　认识 math 模块

math 模块是 Python 中用于数学计算的模块。该模块提供了常见的数学函数，包含常见的数学计算功能，如三角函数、幂函数、对数函数、双曲函数、数学常量的数值计算和角度转换等。

但需注意，math 模块所提供的这些函数不适合用于复数的计算。与此同时，这些函数是不能被直接访问的，需要先导入 math 模块，然后通过 math 静态对象调用对应的计算函数；且在一般情况下，使用 math 模块进行计算所返回的值均为浮点型的数值结果。

为便于读者进一步了解 math 模块，接下来将对以下几个在 math 模块中常用的函数及其作用进行介绍。

三角函数及作用说明如表 8-3 所示。

表 8-3　三角函数及作用说明

| 函数名称 | 函数作用 |
| --- | --- |
| math.sin | 返回弧度值的正弦值 |
| math.cos | 返回弧度值的余弦值 |

续表

| 函数名称 | 函数作用 |
|---|---|
| math.tan | 返回弧度值的正切值 |
| math.asin | 返回弧度值的反正弦值 |
| math.acos | 返回弧度值的反余弦值 |
| math.atan | 返回弧度值的反正切值 |
| math.atan2 | 返回平面中以两个弧度值为单位的反正切值 |
| math.dist | 返回两点之间的欧几里得距离 |
| math.hypot | 返回欧几里得范数 |
| math.radians | 将角度值转换为弧度值 |
| math.degrees | 将弧度值转换为角度值 |

幂函数和对数函数及作用说明如表 8-4 所示。

表 8-4　幂函数和对数函数及作用说明

| 函数名称 | 函数作用 |
|---|---|
| math.exp | 返回以 e 为底的 $x$ 次幂的值，其中 $e = 2.718281\cdots$ |
| math.expm1 | 返回以 e 为底的 $x$ 次幂的值减 1 |
| math.log | 返回以 e 或其他值为底的自然对数值 |
| math.log1p | 返回 $1 + x$（以 e 为底）的自然对数值 |
| math.log2 | 返回以 2 为底的 $x$ 的对数值 |
| math.log10 | 返回以 10 为底的 $x$ 的对数值 |
| math.pow | 返回 $x$ 的 $y$ 次幂的值 |
| math.sqrt | 返回 $x$ 的平方根 |

数学常量函数及作用说明如表 8-5 所示。

表 8-5　数学常量函数及作用说明

| 函数名称 | 函数作用 |
|---|---|
| math.pi | 返回数学常数 π 的值 |
| math.e | 返回数学常数 e 的值 |
| math.tau | 返回数学常数 τ 的值 |
| math.inf | 用于表示浮点正无穷大 |
| math.nan | 用于表示浮点"非数字"（NaN）值 |

### 8.2.2 运用三角函数

Python 提供了许多三角函数的计算方法，可为开发人员提供快捷、便利的操作，接下来将对常用的三角函数进行介绍。

#### 1. sin、cos、tan 函数

使用 sin 函数可计算并返回 $x$（弧度值）的正弦值，使用 cos 函数可计算并返回 $x$ 的余弦值，使用 tan 函数可计算并返回 $x$ 的正切值。这 3 种函数的 $x$ 取值均为任意值，返回的数值结果均为-1～1。应用示例如代码 8-6 所示。

**代码 8-6　sin、cos、tan 函数的应用**

```
>>> import math
>>> print(math.sin(3))   # 计算当弧度值为 3 时的正弦值
0.1411200080598672
>>> print(math.cos(6))   # 计算当弧度值为 6 时的余弦值
0.9601702866503660
>>> print(math.tan(9))   # 计算当弧度值为 9 时的正切值
-0.45231565944180985
```

#### 2. asin 函数

使用 asin 函数可计算并返回以弧度为单位的 $x$ 的反正弦值，$x$ 的取值为-1～1，因此若 $x$ 的取值超出-1～1，函数的计算将无法进行。此外，使用 asin 函数进行数学计算所返回的结果数值均为 $-\pi/2$～$\pi/2$。asin 函数的应用如代码 8-7 所示。

**代码 8-7　asin 函数的应用**

```
>>> print(math.asin(0.5))   # 计算当弧度值为 0.5 时的反正弦值
0.5235987755982989
```

#### 3. acos 函数

使用 acos 函数可计算并返回以弧度为单位的 $x$ 的反余弦值，$x$ 的取值为-1～1，因此若 $x$ 的取值超出-1～1，函数的计算将无法进行。同时，使用 acos 函数进行数学计算所返回的结果数值为 0～$\pi$。acos 函数的应用如代码 8-8 所示。

**代码 8-8　acos 函数的应用**

```
>>> print(math.acos(1))   # 计算当弧度值为 1 时的反余弦值
0.0
```

#### 4. atan 函数

使用 atan 函数可计算并返回以弧度为单位的 $x$ 的反正切值，$x$ 的取值可为任意数值。使用 atan 函数进行数学计算所返回的结果数值为 $-\pi/2$～$\pi/2$。atan 函数的应用如代码 8-9 所示。

代码 8-9    atan 函数的应用

```
>>> print(math.atan(30))   # 计算当弧度值为 30 时的反正切值
1.5374753309166493
```

### 8.2.3  运用幂函数与对数函数

幂函数与对数函数的应用在日常生活中非常广泛,它们几乎存在于日常生活的各个角落,同时其形式多变且极其丰富。在 Python 中,常见的幂函数与对数函数的介绍及计算操作如下。

#### 1. exp、pow 函数

使用 exp 函数可计算并返回以 e 为底的 $x$ 次幂的值,其中 e 表示的是自然对数的基数,其取值约为 2.7。

使用 pow 函数可计算并返回 $x$ 的 $y$ 次幂的值。需注意,当 $x$ 的取值为 1.0 或 $y$ 的取值为 0.0 时,pow(1.0, $y$) 和 pow($x$, 0.0) 的结果都会返回 1.0。当 $x$ 的取值为负数,且 $y$ 不为整数时,pow 函数便无法进行数学计算。exp 和 pow 函数的应用如代码 8-10 所示。

代码 8-10    exp 和 pow 函数的应用

```
>>> print(math.exp(100))   # 计算 e 的 100 次幂
2.6881171418161356e+43
>>> print(math.pow(3,4))   # 计算 3 的 4 次幂
81.0
```

#### 2. log 函数

使用 log 函数可计算并返回指定 $x$ 的自然对数值,$x$ 的取值为大于 0 的任意数值。此外,log 函数还可指定底数的取值,若使用 log 函数时未指定底数的取值,则默认底数为 e。log 函数的应用如代码 8-11 所示。

代码 8-11    log 函数的应用

```
>>> print(math.log(55))   # 计算当默认底数为 e、x 为 55 时的自然对数值
4.007333185232471
>>> print(math.log(10,2))   # 计算当底数为 10、x 为 2 时的自然对数值
3.3219280948873626
```

#### 3. sqrt 函数

使用 sqrt 函数可计算并返回 $x$ 的平方根,其中 $x$ 为大于 0 的任意数值,sqrt 函数的应用如代码 8-12 所示。

代码 8-12    sqrt 函数的应用

```
>>> print(math.sqrt(100))   # 计算当 x 为 100 时的平方根
10.0
```

【任务 8-2】实现三角函数、幂函数与对数函数的数学计算

 任务描述

【任务 8-2】实现三角函数、幂函数与对数函数的数学计算

某高校老师为了解学生对 math 模块常用函数知识的掌握情况，制作了相应的习题，要求学生用键盘输入随机数，并将该数应用于 cos、asin、log 和 sqrt 函数中，并输出对应的数值结果。

任务实现

根据任务描述，本任务的具体实现步骤如下。

（1）使用 input 函数输入一个随机数，参考代码如任务实现 8-5 所示。

任务实现 8-5　输入随机数

```
>>> import math
>>> # 输入随机数
>>> numbers = float(input('请输入一个随机数：'))
请输入一个随机数：>? 1
```

（2）导入 math 模块的 cos、asin、log 和 sqrt 函数，将数值应用于各函数中，参考代码如任务实现 8-6 所示。

任务实现 8-6　导入计算函数

```
>>> # 计算 numbers 的余弦值
>>> num_cos = math.cos(numbers)
>>> # 计算 numbers 的反正弦值
>>> num_asin = math.asin(numbers)
>>> # 计算以 e 为底的 numbers 的自然对数值
>>> num_log = math.log(numbers)
>>> # 计算 numbers 的平方根
>>> num_sqrt = math.sqrt(numbers)
```

（3）输出各函数计算结果，参考代码如任务实现 8-7 所示。

任务实现 8-7　输出计算结果

```
>>> print('随机数的余弦值：', num_cos)
随机数的余弦值： 0.5403023058681398
>>> print('随机数的反正弦值：', num_asin)
随机数的反正弦值： 1.5707963267948966
>>> print('随机数的自然对数值：', num_log)
随机数的自然对数值： 0.0
>>> print('随机数的平方根：', num_sqrt)
随机数的平方根： 1.0
```

通过学习 math 模块的函数，读者可以掌握并使用便捷的数学工具，并加深对编程中函数应用的理解，为将来的编程实践奠定基础。

## 8.3 random 模块

在编程中，随机性不仅是一种工具，也是创造力的源泉。Python 的 random 模块提供了生成随机数的简便方法，能够用于创建随机事件、实现各种随机算法。

### 8.3.1 认识 random 模块

random 模块是 Python 中用于生成伪随机数的模块。该模块提供的功能实际上是 random.Random 类隐藏实例的绑定方法，用户可实例化自己的实例，以获取不共享状态的生成器；同时，该模块还可以使用操作系统功能来生成随机数，这些随机数是基于操作系统提供的随机数生成源来创建的。

random 模块可生成 6 种不同功能及状态的随机数，包含簿记功能、字节函数、整数函数、序列函数、实值分布、替代生成器。簿记功能主要起到初始化随机数生成器及捕获、调整生成器的状态的作用；字节函数、整数函数和序列函数主要用于分别生成与字节、整数、序列对应类型的随机数；实值分布用于生成符合特定函数分布的随机数；替代生成器可使用 random 模块的默认伪随机数生成器或者从操作系统提供的源中生成随机数。在使用默认伪随机数生成器的类时需注意，类中的类型必须为 NoneType、整型、浮点型、字符串型、bytes 或 bytearray 中的一种；而在使用操作系统提供的随机数源时需注意，并非在所有操作系统上都可用，同时系统提供的类不依赖于软件状态。

为便于读者对 random 模块有进一步的了解，接下来将介绍该模块中的常用函数及作用说明。

整数函数及作用说明如表 8-6 所示。

表 8-6　整数函数及作用说明

| 函数名称 | 函数作用 |
| --- | --- |
| random.randrange | 返回一个小于指定数值的随机整数，或指定数值范围和步长的随机整数 |
| random.randint | 返回一个包含在指定范围内的随机整数 |
| random.getrandbits | 返回具有指定位数的随机非负整数 |

序列函数及作用说明如表 8-7 所示

表 8-7　序列函数及作用说明

| 函数名称 | 函数作用 |
| --- | --- |
| random.choice | 从非空序列中返回一个随机元素 |
| random.choices | 从非空序列中随机选取一个列表 |

续表

| 函数名称 | 函数作用 |
|---|---|
| random.shuffle | 将输入的序列进行随机排序 |
| random.sample | 返回从总体序列或集合中选择的 $k$ 个唯一的元素的列表 |

实值分布函数及作用说明如表 8-8 所示。

表 8-8 实值分布函数及作用说明

| 函数名称 | 函数作用 |
|---|---|
| random.random | 返回[0.0,1.0)范围内的一个随机浮点数 |
| random.uniform | 返回指定范围内的一个随机浮点数 |
| random.triangular | 返回一个包含在指定范围内的三角形分布的随机数 |
| random.betavariate | 返回满足 $\beta$ 分布且结果数值为 0～1 的随机浮点数 |
| random.expovariate | 返回满足指数分布的随机浮点数 |
| random.gammavariate | 返回满足伽马分布的随机浮点数 |
| random.gauss | 返回满足高斯分布的随机浮点数 |
| random.lognormvariate | 返回满足对数正态分布的随机浮点数 |
| random.normalvariate | 返回满足正态分布的随机浮点数 |
| random.vonmisesvariate | 返回满足冯·米塞斯分布的随机浮点数 |
| random.paretovariate | 返回满足帕累托分布的随机浮点数 |
| random.weibullvariate | 返回满足韦布尔分布的随机浮点数 |

### 8.3.2 生成随机浮点数

为便于开发人员使用，Python 提供了随机浮点数的生成功能，通过指定的函数便可生成各种符合需求的取值结果。

使用 random 函数可生成并返回[0.0,1.0)范围内的一个随机浮点数；使用 uniform 函数可生成并返回指定范围内的一个随机浮点数，如代码 8-13 所示。

代码 8-13 random、uniform 函数的应用

```
>>> import random
>>> print(random.random())   # 生成一个函数默认范围内的随机浮点数
0.12802357745339243
>>> print(random.uniform(8,9))   # 生成一个 [8,9] 范围内的随机浮点数
8.731124728694084
```

### 8.3.3 生成随机整数

整数是生活中最常见的数值类型之一。Python 可实现在指定限制条件下生成随机整数，

从而满足特定的需求，常见的生成随机整数的函数介绍和具体应用示例如下。

### 1. randrange 函数

使用 randrange 函数可生成并返回一个随机整数，但需注意 randrange 函数中的参数设置会影响生成的随机整数。该函数的参数必须都为整数，且其参数的数量设置可分为以下 3 种情况。

（1）当仅存在一个参数时，函数会随机生成一个小于且不等于该参数的随机整数。

（2）当存在两个参数时，即确定了生成的随机整数的范围，且生成的随机整数大于等于第一个参数值，小于第二个参数值。

（3）当存在 3 个参数时，前两个参数的作用与情况（2）相同，第 3 个参数的作用为限制生成随机整数的步长。例如，当第 3 个参数为 2 时，生成的随机整数的取值是在建立的数值范围内以首参数为基础依次迭代加 2 形成的。

使用 randrange 函数生成随机整数的示例，如代码 8-14 所示。

#### 代码 8-14　randrange 函数的应用

```
>>> print(random.randrange(2))    # 生成一个小于 2 的随机整数
0
>>> print(random.randrange(2,4))   # 生成一个[2,4) 范围内的随机整数
3
>>> # 生成一个[5,10) 范围内的且在 5 的基础上依次迭代加 2 的随机整数
>>> print(random.randrange(5,10,2))
5
```

### 2. randint 函数

使用 randint 函数可生成并返回一个指定范围内的随机整数。需要注意的是，该函数设置的参数必须都为整数，且所生成的随机整数的取值还包含始末数值。其应用示例如代码 8-15 所示。

#### 代码 8-15　randint 函数的应用

```
>>> print(random.randint(4,6))    # 生成一个[4,6]范围内的随机整数
6
```

### 8.3.4　从序列中生成随机元素

类似于在抽奖箱中进行的随机抽奖，利用 random 模块可以在给定的序列中进行随机抽取，从而生成（或获得）随机元素。常见的从序列中生成随机元素的函数的介绍及具体操作如下。

### 1. choice 函数

使用 choice 函数可从一个非空序列中返回一个随机元素。其中，序列可为列表、元组

或字符串。其应用示例如代码 8-16 所示。

代码 8-16　choice 函数的应用

```
>>> print(random.choice([1, 2, 3, 5, 9, 10]))  # 可返回一个存在于列表中的随机元素
3
```

### 2．sample 函数

使用 sample 函数可返回总体序列或集合中 $k$ 个元素的列表，在生活中常用于无重复的随机抽样。sample 函数的应用如代码 8-17 所示。

代码 8-17　sample 函数的应用

```
>>> list = ['I','Love','Python']
>>> print(random.sample(list ,2))  # 可返回一个在列表中随机选取指定个数元素的列表
['Python', 'I']
```

【任务 8-3】实现抽奖游戏

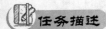 任务描述

某商场为宣传新产品、增加客流量，在商场门口设置了抽奖游戏，该游戏要求在所给出的指定数值区间 0～100 内生成随机浮点数和随机整

【任务 8-3】实现
抽奖游戏

数，顾客可任选其中一种数值进行猜测，若猜对，则可得到一次抽奖资格。该游戏不仅提高了顾客购物的趣味性，还增加了商场的客流量和顾客参与度。

任务实现

根据任务描述，本任务的具体实现步骤如下。

（1）导入 random 模块，使用 uniform 函数在 0～100 中生成随机浮点数，参考代码如任务实现 8-8 所示。

任务实现 8-8　uniform 函数生成随机浮点数

```
>>> import random
>>> # 生成 0～100 之间的随机浮点数
>>> numbers1 = print(random.uniform(0, 100))
32.66694405060812
```

（2）使用 randrange 函数在 0～100 中生成随机整数，参考代码如任务实现 8-9 所示。

任务实现 8-9　randrange 函数生成随机整数

```
>>> # 生成 0～100 之间的随机整数
>>> numbers2 = print(random.randrange(0, 100))
39
```

（3）创建名为 gift 的列表，列表中的内容为商场所设定的奖品，奖品共有 6 种：便捷

风扇、毛绒公仔、精品牙刷、保温杯、空调被、陶瓷餐具。参考代码如任务实现 8-10 所示。

**任务实现 8-10　创建列表**

```
>>> gift = ['便捷风扇', '毛绒公仔', '精品牙刷', '保温杯', '空调被', '陶瓷餐具']
```

（4）使用 choice 函数生成随机奖品，参考代码如任务实现 8-11 所示。

**任务实现 8-11　choice 函数生成随机奖品**

```
>>> print(random.choice(gift))
保温杯
```

通过参与抽奖游戏，顾客不仅有机会赢得奖品，还能享受到全新的购物体验。这种互动活动不仅可加强顾客与商场之间的联系，还可提高顾客的参与度和购买意愿。

## 8.4　re 模块

正则表达式是一种强大的文本处理工具，它允许以声明式的方式描述和匹配字符串模式。Python 的 re 模块为正则表达式提供了丰富的支持，使得复杂的字符串操作变得简单而高效。

### 8.4.1　认识 re 模块

Python 中的 re 模块提供了与 Perl 语言类似的正则表达式匹配操作。re 模块将正则表达式编译成模式对象，然后通过模式对象执行模式匹配搜索、字符串分割、字符串替换等操作。re 模块使 Python 拥有了全部的正则表达式功能。

正则表达式是对字符串进行操作的一种逻辑公式。通过正则表达式，程序开发人员可以对指定的文本实现匹配测试、内容查找、内容替换、字符串分割等。正则表达式的设计思想是使用一种描述性的语言给字符串定义一个规则，凡是符合规则的字符串即可匹配成功，否则匹配不成功。

re 模块的相关函数及作用说明如表 8-9 所示。

表 8-9　re 模块的相关函数及作用说明

| 函数名称 | 函数作用 |
| --- | --- |
| re.findall | 匹配字符串中的全部样式，返回组合列表 |
| re.search | 匹配符合样式的第一个位置，返回包含匹配信息的对象 |
| re.split | 按匹配样式分割字符串，返回列表 |
| re.sub | 替换匹配样式的文本，返回字符串 |
| re.match | 匹配 0 个到多个样式，返回包含匹配信息的对象 |
| re.fullmatch | 匹配整个字符串，返回包含匹配信息的对象 |
| re.finditer | 匹配字符串中的全部样式，返回迭代器保存的匹配对象 |

| 函数名称 | 函数作用 |
|---|---|
| re.subn | 替换匹配样式的文本，返回元组 |
| re.escape | 转义样式中的特殊字符 |
| re.purge | 清除正则表达式的缓存 |

### 8.4.2 re 模块常用函数

re 模块不仅包括匹配函数，而且可通过正则表达式与匹配函数的结合应用，从而在字符串中匹配到指定的位置和长度等信息。re 模块常用函数有 findall、search、split、sub。

#### 1. findall 函数

findall 函数返回的是正则表达式在字符串中所有匹配结果的列表。findall 函数的语法格式如下。

```
re.findall(pattern, string, flags=0)
```

findall 函数的参数及其说明如表 8-10 所示。

表 8-10 findall 函数的参数及其说明

| 参数名称 | 参数说明 |
|---|---|
| pattern | 匹配的正则表达式样式，无默认值，类型为字符串型 |
| string | 需要匹配的字符串，无默认值，类型为字符串型 |
| flags | 编译标志，用来修改正则表达式的匹配方法，默认值为 0，类型为整型或函数 |

如果正则表达式与字符串匹配成功，那么将会以列表的形式返回字符串中所有与 pattern 相匹配的字符串；如果匹配失败，那么将会返回一个空列表。使用 findall 函数匹配"正则表达式"的示例如代码 8-18 所示。

代码 8-18 使用 findall 函数匹配"正则表达式"

```
>>> import re
>>> text1 = '正则表达式一般由一些普通字符和一些元字符组成。'+ \
...       '正则表达式是一种可以用于模式匹配和替换的工具'
>>> print(re.findall('正则表达式', text1))  # 返回一个列表
['正则表达式', '正则表达式']
```

#### 2. search 函数

search 函数在整个字符串内对正则表达式进行匹配，找到第一个匹配对象后返回一个包含匹配信息的对象。search 函数的语法格式如下。

```
re.search(pattern, string, flags=0)
```

search 函数的参数说明和 findall 函数的参数说明相同，如表 8-10 所示。

如果字符串中没有能够匹配的对象，那么返回 None。与 findall 函数不同的是，search 函数并不要求从字符串的开头进行匹配，即正则表达式可以是字符串的一部分。使用 search 函数匹配"正则表达式"的示例如代码 8-19 所示。

**代码 8-19  使用 search 函数匹配"正则表达式"**

```
>>> print(re.search('正则表达式', text1))  # 返回一个匹配对象
<re.Match object; span=(0, 5), match='正则表达式'>
```

### 3. split 函数

split 函数能够按照匹配的正则表达式将字符串进行分割，并返回分割后的字符串列表。split 函数的语法格式如下。

```
re.split(pattern, string, maxsplit=0, flags=0)
```

在 split 函数中，pattern、string 和 flags 的参数说明与 findall 函数的参数说明相同。相比于 findall 函数，split 函数多了一个 maxsplit 参数，该参数接收整型数据，表示最大分割次数。如果不指定 maxsplit 参数，那么字符串将被全部分割，该参数默认为 0。

如果没有可匹配的项，那么将会返回原来的字符串。使用 split 函数按"。"分割文本的示例如代码 8-20 所示。

**代码 8-20  使用 split 函数按"。"分割文本**

```
>>> p_string = text1.split('。')  # 按"。"进行分割
>>> print(p_string)
['正则表达式一般由一些普通字符和一些元字符组成', '正则表达式是一种可以用于模式匹配和替换的
工具']
```

### 4. sub 函数

sub 函数能够找到所有匹配正则表达式的字符串并用指定的字符串进行替换。sub 函数的语法格式如下。

```
re.sub(pattern, repl, string, count=0, flags=0)
```

如果字符串 string 中的内容匹配了正则表达式，那么会将匹配到的字符串替换成 repl。sub 函数的参数及其说明如表 8-11 所示。

**表 8-11  sub 函数的参数及其说明**

| 参数名称 | 参数说明 |
|---|---|
| pattern | 匹配的正则表达式样式，无默认值，类型为字符串型 |
| repl | 接收类型为字符串型或函数，若为字符串型，则表示反斜线转义序列被处理；若为函数，则对每个非重复的 pattern 的情况进行调用，无默认值 |
| string | 需要匹配的字符串，无默认值，类型为字符串型 |
| count | 要替换的最大次数，默认值为 0，类型为整型 |
| flags | 编译标志，用来修改正则表达式的匹配方法，默认值为 0，类型为整型或函数 |

# Python 编程基础（第 3 版）（微课版）

使用 sub 函数替换指定文本的示例如代码 8-21 所示。

**代码 8-21　使用 sub 函数替换指定文本**

```
>>> print(re.sub('正则表达式', '123', text1))   # 文本替换
123 一般由一些普通字符和一些元字符组成。123 是一种可以用于模式匹配和替换的工具
```

## 8.4.3　正则表达式语法

正则表达式通常由一些普通字符和一些元字符组成。普通字符常为大小写字母、数字和中文字符，元字符是具有特殊含义的字符。在 8.4.2 小节的示例中使用的正则表达式由普通字符组成，因此本小节主要介绍元字符的应用。

元字符的应用是使得正则表达式强大的原因之一。元字符由特殊符号组成，定义了字符集合、子组匹配、模式重复次数。元字符通过转义字符和其他符号的组合进行字符匹配，使得正则表达式不仅可以匹配单个字符串，而且可以匹配字符串集合。

### 1．字符匹配

（1）英文句号

英文句号（.）表示匹配除换行符"\n"之外的任意一个字符。使用英文句号进行匹配的示例如代码 8-22 所示。

**代码 8-22　使用英文句号进行匹配**

```
>>> print(re.findall('正.表达式', text1))
['正则表达式', '正则表达式']
```

（2）方括号

方括号（[]）表示匹配多个字符，在方括号内部的所有字符都会被匹配。使用方括号进行匹配的示例如代码 8-23 所示。

**代码 8-23　使用方括号进行匹配**

```
>>> print(re.findall('一[般些]', text1))   # 匹配方括号内的任意一个字符
['一般', '一些', '一些']
```

（3）竖线

竖线（|）用于对左右两个正则表达式进行匹配。A 和 B 可以是任意正则表达式，扫描目标字符串时，由"|"分隔开的正则表达式样式从左到右进行匹配。当一个样式完全匹配时，这个分支就被接受。也就是说，一旦 A 匹配成功，B 就不再进行匹配。使用竖线进行匹配的示例如代码 8-24 所示。

**代码 8-24　使用竖线进行匹配**

```
>>> print(re.findall('正则表|正则表达式', text1))   # 使用竖线进行匹配
['正则表', '正则表']
```

（4）乘方符号

乘方符号（^）表示匹配字符串起始位置的内容，如"^正则"表示匹配所有以"正则"开头的字符串。应用示例如代码 8-25 所示。

代码 8-25　匹配所有以"正则"开头的字符串

```
>>> for line in p_string:
...     if len(re.findall('^正则', line)):
...             print(line)
正则表达式一般由一些普通字符和一些元字符组成
正则表达式是一种可以用于模式匹配和替换的工具
```

（5）货币符号

货币符号（$）表示匹配字符串结束位置的内容，如"组成$"表示匹配所有以"组成"结尾的字符串。应用示例如代码 8-26 所示。

代码 8-26　匹配所有以"组成"结尾的字符串

```
>>> for line in p_string:
...     if len(re.findall('组成$', line)):
...             print(line)
正则表达式一般由一些普通字符和一些元字符组成
```

（6）量化符号

常见的量化符号有"?""*""+""{n}""{n,}""{m,n}"。英文句号、方括号、竖线、乘方符号和货币符号在面对重复出现的字符时会显得力不从心，而量化符号的使用使得正则表达式更为简洁，如"12333333"可以使用"123+"进行匹配。量化符号及其说明如表 8-12 所示。

表 8-12　量化符号及其说明

| 量化符号 | 说　　明 |
| --- | --- |
| ? | 表示符号前的元素可选，并且最多匹配 1 次 |
| * | 表示符号前的元素会被匹配 0 次或多次 |
| + | 表示符号前的元素会被匹配 1 次或多次 |
| {n} | 表示符号前的元素会正好被匹配 n 次 |
| {n,} | 表示符号前的元素至少会被匹配 n 次 |
| {n,m} | 表示符号前的元素至少被匹配 n 次，至多被匹配 m 次 |

常见量化符号的用法示例如代码 8-27 所示。

代码 8-27　常见量化符号的用法示例

```
>>> text2 = '12, 123, 1233, 12333, 123333'
```

```
>>> print(re.findall('123?', text2))  # "3"最多重复1次
['12', '123', '123', '123', '123']
>>> print(re.findall('123*', text2))  # "3"可以重复0次或多次
['12', '123', '1233', '12333', '123333']
>>> print(re.findall('123+', text2))  # "3"可以重复1次或多次
['123', '1233', '12333', '123333']
>>> print(re.findall('123{1}', text2))  # "3"正好重复1次
['123', '123', '123', '123']
>>> print(re.findall('123{2}', text2))  # "3"正好重复2次
['1233', '1233', '1233']
>>> print(re.findall('123{1, 2}', text2))  # "3"至少重复1次，至多重复2次
['123', '1233', '1233', '1233']
```

**2. 转义字符**

字符串中可以包含任何字符，如果待匹配的字符串中出现"$"""."."[]"等特殊字符，那么将会与正则表达式的特殊字符发生冲突。遇到这种情况，可以使用转义字符"\"将字符串内的特殊字符进行转义，即"告诉"Python 把这个字符当作普通字符处理。如果字符串包含"\"，那么也可以使用"\"将"\"转义。"\"与一些字母组成了 Python 中的预定义字符，常见的预定义字符及其含义如表 8-13 所示。

表 8-13　常见的预定义字符及其含义

| 预定义字符 | 含　义 |
| --- | --- |
| \w | 匹配数字、字母、下画线 |
| \W | 匹配非数字、非字母、非下画线 |
| \s | 匹配空白字符 |
| \S | 匹配非空白字符 |
| \d | 匹配数字 |
| \D | 匹配非数字 |
| \b | 匹配单词的边界 |
| \B | 匹配非单词的边界 |

在正则表达式中，通常需要用两个反斜线"\\"表示一个反斜线"\"。例如，对于数字"\d"，需要用"\\d"表示。这种操作比较烦琐，而 Python 中自带的原生字符"r"可以简化操作。对于文本中的"\"，只需要用"r'\'"表示即可，如"\\d"可以写成"r'\d'"。在原生字符的帮助下，正则表达式的书写更加方便。

转义字符的使用示例如代码 8-28 所示。

代码 8-28　转义字符的使用示例

```
>>> text3 = ' wxid_6cp@16.co'
>>> print(re.findall('\\d', text3))   # 使用转义字符
['6', '1', '6']
>>> print(re.findall(r'\d', text3))   # 使用 "r"
['6', '1', '6']
>>> print(re.findall(r'\D', text3))   # 匹配非数字
[' ', 'w', 'x', 'i', 'd', '_', 'c', 'p', '@', '.', 'c', 'o']
>>> print(re.findall(r'\w', text3))   # 匹配字、字母、数字
['w', 'x', 'i', 'd', '_', '6', 'c', 'p', '1', '6', 'c', 'o']
>>> print(re.findall(r'\W', text3))   # 匹配非数字和非字母
[' ', '@', '.']
>>> print(re.findall(r'\s', text3))   # 匹配空白字符
[' ']
>>> print(re.findall(r'\S', text3))   # 匹配非空白字符
['w', 'x', 'i', 'd', '_', '6', 'c', 'p', '@', '1', '6', '.', 'c', 'o']
>>> print(re.findall(r'\b', text3))   # 匹配单词的边界
['', '', '', '', '', '']
>>> print(re.findall(r'\B', text3))   # 匹配非单词的边界
['', '', '', '', '', '', '', '', '', '']
```

## 【任务 8-4】匹配字符串信息

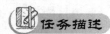 任务描述

随着人们生活水平的提高，我国汽车销量持续增长，对我国经济发展产生了积极影响。某公司拥有一个详细的汽车销售数据集（汽车销售数据.csv），其部分数据如表 8-14 所示，其中包含各种车型的销售信息。通过分析汽车销售数据，销售人员可以深入了解市场趋势和消费者偏好，为公司的营销策略和库存管理提供依据。

【任务 8-4】匹配字符串信息

表 8-14　汽车销售数据（部分）

| 汽车品牌 | 名称 | … | 上牌时间 | … | 新车含税价/元 |
|---|---|---|---|---|---|
| 品牌 AG | 2022 款 2.0T 自动 45TFSI 甄选型 | … | 2023 年 8 月 | … | 66.70 万 |
| 品牌 AG | 2022 款 2.0T 自动 45TFSI 甄选型 | … | 2023 年 8 月 | … | 66.70 万 |
| 品牌 Q | 2021 款 2.0T 自动 730Li 豪华套装 改款 | … | 2023 年 8 月 | … | 90.13 万 |

续表

| 汽车品牌 | 名称 | ... | 上牌时间 | ... | 新车含税价/元 |
|---|---|---|---|---|---|
| 品牌 Q | 2021 款 2.0T 自动 730Li 豪华套装 改款 | ... | 2023 年 8 月 | ... | 90.13 万 |
| 品牌 Q | 2021 款 2.0T 自动 30i M 运动套装 | ... | 2023 年 8 月 | ... | 76.18 万 |

**任务实现**

根据任务描述，本任务的具体实现步骤如下。

（1）导入 csv 模块和 re 模块，创建一个空列表，参考代码如任务实现 8-12 所示。

### 任务实现 8-12　导入模块并创建空列表

```
>>> import csv
>>> import re
>>> # 创建一个空列表来存储数据
>>> new_data = []
```

（2）加载数据文件，读取汽车销售数据，参考代码如任务实现 8-13 所示。

### 任务实现 8-13　加载数据文件

```
>>> # 打开并读取 CSV 文件
>>> file = open('../data/汽车销售数据.csv', 'r', encoding='gbk')
>>> reader = csv.DictReader(file)
```

（3）使用 for 语句输出原始数据前 5 条数据，并查看生产年份和排量数据出现的规律，参考代码如任务实现 8-14 所示。

### 任务实现 8-14　查看"名称"列数据

```
>>> # 输出前 5 条"名称"列的数据
>>> print("原始数据中的"名称"列的前 5 条数据:")
原始数据中的"名称"列的前 5 条数据:
>>> count = 0  # 初始化计数器
>>> for row in reader:
...     if count < 5:  # 只输出前 5 条
...         print(row['名称'])
...         count += 1
...     else:
...         break
2022 款 2.0T 自动 45TFSI 臻选型
2022 款 2.0T 自动 45TFSI 臻选型
```

2021 款 2.0T 自动 730Li 豪华套装 改款

2021 款 2.0T 自动 730Li 豪华套装 改款

2021 款 2.0T 自动 30i M 运动套装

（4）使用 for 语句遍历数据，使用 findall 函数对生产时间和排量进行匹配，参考代码如任务实现 8-15 所示。

### 任务实现 8-15　匹配生产时间和排量

```
>>> # 提取生产时间和排量
>>> for row in reader:
...     # 提取生产时间
...     year = next((match[:-1] for match in re.findall(
...         '\d{4}款', row['名称'])), None)
...     # 提取排量
...     displacement = next((match[:-1] for match in re.findall(
...         '\d\.\dL?', row['名称'])), None)
...     # 直接添加到新的数据列表
...     new_data.append({'year': year, 'Displacement': displacement})
>>> # 关闭文件
>>> file.close()
```

（5）查看匹配得到的生产时间和排量，参考代码如任务实现 8-16 所示。

### 任务实现 8-16　查看匹配得到的生产时间和排量

```
>>> # 输出处理后的前几条数据
>>> print("提取后的'year'和'Displacement'列的前 5 条数据:")
提取后的'year'和'Displacement'列的前 5 条数据:
>>> for item in new_data[:5]:
...     print(item)
{'year': '2022', 'Displacement': '3.'}
{'year': '2021', 'Displacement': '2.'}
{'year': '2021', 'Displacement': '3.'}
{'year': '2020', 'Displacement': '2.'}
{'year': '2021', 'Displacement': '2.'}
```

销售人员分析汽车销售数据集后，所得的市场洞察为优化营销策略和库存管理提供了坚实支撑，可助力公司更好地适应市场变化，增强竞争力，促进业务持续增长。

## 8.5　其他常用模块/库

Python 之所以成为最受欢迎的编程语言之一，部分原因在于其具有丰富的模块和库。

除了 os、math、random 和 re 等常用模块外，还有大量其他模块、库可供选择，如 turtle 模块、datetime 模块、jieba 库、PyInstaller 库、NumPy 库等。

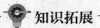

**知识拓展**

　　模块是 Python 中的一个文件，包含 Python 代码定义，如函数、类和变量；是 Python 组织代码的基本单元，提供了封装和复用的功能，使得开发者能够更有效地构建和管理复杂的程序。

　　库大致可分为标准库和第三方库两类。标准库是 Python 解释器内置的，可直接使用，无须安装；第三方库通常是由社区或其他开发者开发的，使用前需先完成安装。库通常由模块组成。

### 8.5.1　turtle 模块

　　turtle 模块是 Python 内置的一个用于创建图形和动画的模块，它提供了绘制直线、圆、多边形、曲线等基本图形的函数，使得开发者可以轻松地使用 turtle 模块制作各种图形和动画。

　　turtle 模块的常用方法及作用如表 8-15 所示。

表 8-15　turtle 模块的常用方法及作用

| 方法名称 | 方法作用 | 方法名称 | 方法作用 |
|---|---|---|---|
| turtle.forward() / turtle.fd() | 向前移动指定的距离 | turtle.setx() | 设置 $x$ 坐标 |
| turtle.backward() / turtle.bk() / turtle.back() | 向后移动指定的距离 | turtle.sety() | 设置 $y$ 坐标 |
| turtle.right() / turtle.rt() | 右转指定的角度 | turtle.circle() | 画圆 |
| turtle.left() / turtle.lt() | 左转指定的角度 | turtle.dot() | 画点 |
| turtle.goto() / turtle.setpos() / turtle.setposition() | 移动到指定的坐标点 | turtle.pendown() / turtle.pd() / turtle.down() | 画笔落下 |
| turtle.setheading() / turtle.seth() | 设置朝向 | turtle.penup() / turtle.pu() / turtle.up() | 画笔抬起 |
| turtle.color() | 设置画笔颜色和填充颜色 | turtle.pensize() / turtle.width() | 设置画笔粗细 |
| turtle.begin_fill() | 开始填充 | turtle.end_fill() | 结束填充 |

### 8.5.2　datetime 模块

　　datetime 模块是 Python 中用于操作日期和时间的模块，包含字符串型与时间型的相互转换、时间算术运算、标准时间时区转换等功能。datetime 模块下常用的有 date、time、datetime、timedelta 等类。其中，date 类用于日期型处理；time 类用于时间型处理；而 datetime 类相当于 date、time 类的结合，包含这两个类的全部方法；timedelta 类用于时间的算术运算。

date 类的相关方法及作用如表 8-16 所示。

表 8-16　date 类的相关方法及作用

| 方法名称 | 方法作用 |
| --- | --- |
| date.today() | 返回当前日期 |
| date.fromtimestamp() | 返回时间戳的 date 对象 |
| date.fromordinal() | 返回对应于预期公元纪年的日期 |
| date.fromisoformat() | 返回格式为 "YYYY-MM-DD" 的日期字符串转化的 date 对象 |
| date.fromisocalendar() | 返回对应的 ISO（International Standard Organization，国际标准化组织）日历日期指定的年、周和天的 date 对象 |
| date.replace() | 返回一个替换指定日期字段的新 date 对象 |
| date.timetuple() | 返回 date 对象的时间元组 |
| date.toordinal() | 返回日期的预期公元纪年序号 |
| date.weekday() | 返回指定日期所在的星期数（周一为 0、周日为 6） |
| date.isoweekday() | 返回符合 ISO 标准的指定日期所在的星期数（周一为 1、周日为 7） |
| date.isocalendar() | 返回一个包含 3 个值的元组，3 个值依次为年份、周数、星期数（周一为 1、周日为 7） |
| date.isoformat() | 返回符合 ISO 标准的日期字符串，如 "YYYY-MM-DD" |
| date.ctime() | 返回时间戳转化的 asctime 形式，如 Fri Dec 4 00:00:00 2020 |
| date.strftime() | 返回 date 对象转化的指定格式的字符串 |

time 类的相关方法及作用如表 8-17 所示。

表 8-17　time 类的相关方法及作用

| 方法名称 | 方法作用 |
| --- | --- |
| time.fromisoformat() | 返回 ISO 格式的时间字符串转化的一个 time 对象，如 "HH:MM:SS:ffff" |
| time.replace() | 返回一个替换指定时间字段的新 time 对象 |
| time.isoformat() | 返回 time 对象转化的 ISO 格式的时间字符串 |
| time.strftime() | 返回 time 对象转化的给定格式的字符串，如%H:%M:%S |
| time.utcoffset() | 返回 time 对象与 UTC，Universal Time Coordination（世界标准时）的偏移量 |
| time.dst() | 返回 time 对象的夏令时 |
| time.tzname() | 返回 time 对象的时区名称 |

由于 datetime 类与 date、time 两个类的方法存在较多的重复，所以这里将只展示 datetime 类独有的方法。datetime 类的相关方法及作用如表 8-18 所示。

表 8-18　datetime 类的相关方法及作用

| 方法名称 | 作用 |
| --- | --- |
| datetime.now() | 返回当前日期时间的 datetime 对象 |
| datetime.utcnow() | 返回当前日期时间的 UTC datetime 对象 |
| datetime.utcfromtimestamp() | 返回 UTC 时间戳的 datetime 对象 |
| datetime.combine() | 返回 date 对象和 time 对象合并的 datetime 对象 |
| datetime.strptime() | 返回给定的时间格式对应的 datetime 对象 |
| datetime.timetz() | 返回具有相同时、分、秒、微秒、倍数和 tzinfo 的时间对象 |
| datetime.astimezone() | 返回更改时区的 datetime 对象 |
| datetime.utctimetuple() | 返回 UTC 时间元组 |
| datetime.timestamp() | 返回时间戳 |

timedelta 类的相关方法主要有 timedelta.total_seconds()，其用于返回以秒为单位的时间差。

### 8.5.3　jieba 库

jieba 库是一个专门为中文设计的 Python 库，主要用于中文文本的分词处理。分词是将连续的中文文本转换成词语的过程，是中文自然语言处理中的一个基础步骤。jieba 库提供了多种分词模式，包括精确模式、全模式和搜索引擎模式，用户可以根据不同的需求选择合适的分词模式。

此外，jieba 库还支持自定义词典，允许用户为特定的文本添加或删除词汇；提供了对词性标注的支持，有助于更深入地分析文本内容。

在 Python 中，jieba 库属于第三方库，用于拓展 Python 的功能。在使用 jieba 库之前需要先进行安装。安装第三方库有多种方法，常见的安装方法及其特点如表 8-19 所示。

表 8-19　常见的安装第三方库的方法及其特点

| 方法 | 特点 |
| --- | --- |
| 下载源代码自行安装 | 安装灵活，但需要自行解决上级依赖问题 |
| 用 pip 命令安装 | 比较方便，自动解决上级依赖问题 |
| 用 easy_install 命令安装 | 比较方便，自动解决上级依赖问题，不如 pip 灵活 |
| 下载编译好的文件包 | 一般是 Windows 系统才提供现成的可执行文件包 |

最常用的安装第三方库的方法主要是使用 pip 命令安装，安装命令为 "pip install 库名"。

jieba 库的常用方法及作用如表 8-20 所示。

表 8-20　jieba 库的常用方法及作用

| 方法名称 | 方法作用 |
| --- | --- |
| jieba.cut（） | 将文本切分为词语列表，默认使用精确模式 |
| jieba.cut_for_search（） | 将文本切分为词语列表，适用于搜索引擎构建倒排索引的分词 |
| jieba.load_userdict（） | 加载自定义词典，词典文件为 UTF-8 编码 |

## 8.5.4　PyInstaller 库

PyInstaller 库用于将 Python 应用程序打包成可执行文件。PyInstaller 库可以帮助开发者将 Python 代码及其依赖项打包成一个独立的应用程序，以便在其他计算机上运行，而无须安装 Python 解释器。PyInstaller 库支持 Windows、macOS 和 Linux 等操作系统，并能够生成多种可执行文件格式，如 EXE、DMG 和 AppImage。

PyInstaller 的命令语法格式如下。

```
pyinstaller [options] script [script …] | specfile
```

其中，options 为命令选项，可省略；script 为需要打包的 Python 应用程序，多个应用程序之间可使用空格分隔；specfile 为指定的.spec 文件，可省略。

PyInstaller 库的常用命令及作用如表 8-21 所示。

表 8-21　PyInstaller 库的常用命令及作用

| 命令名称 | 作用 |
| --- | --- |
| -h / --help | 显示帮助信息 |
| -v / --version | 显示版本信息 |
| --distpath DIR | 设置应用程序的放置位置 |
| --workpath WORKPATH | 设置放置所有临时工作文件、.log 文件、.pyz 文件等的位置 |
| --clean | 在打包之前，清理 PyInstaller 缓存并删除临时文件 |
| -D / --onedir | 创建包含一个可执行文件的单文件夹捆绑包 |
| -F / --onefile | 创建单文件捆绑的可执行文件 |
| --specpath DIR | 设置存储生成的.spec 文件的文件夹 |
| -n NAME / --name NAME | 设置应用程序和.spec 文件的名称 |

## 8.5.5　NumPy 库

NumPy 库是一个 Python 科学计算的基础库。NumPy 库主要提供了以下内容。

（1）快速高效的多维数组对象 ndarray。

（2）对数组进行元素级计算和直接对数组进行数学运算的函数。

（3）读/写硬盘上基于数组的数据集的工具。

（4）线性代数运算、傅里叶变换和随机数生成等功能。

（5）将 C、C++、Fortran 代码集成到 Python 项目的工具。

除了为 Python 提供快速的数组处理能力外，NumPy 库在数据分析方面还有一个主要作用，即作为算法之间传递数据的容器。对于数值型数据，使用 NumPy 库数组存储和处理数据比使用内置的 Python 数据结构高效得多。此外，由低级语言（如 C 和 Fortran）编写的库可以直接操作 NumPy 库数组中的数据，无须进行任何数据复制工作。

NumPy 库中常用的创建数组函数及作用如表 8-22 所示。

表 8-22　NumPy 库中常用的创建数组函数及作用

| 函数名称 | 作用 |
| --- | --- |
| numpy.array | 创建一维或多维数组 |
| numpy.arange | 通过指定开始值、终值和步长来创建一维数组，创建的数组不含终值 |
| numpy.linspace | 通过指定开始值、终值和元素个数来创建一维数组，默认包括终值 |
| numpy.zeros | 创建指定形状和数据类型的全零数组 |
| numpy.ones | 创建指定形状和数据类型的全一数组 |
| numpy.random.random | 创建一个随机数数组 |
| numpy.random.rand | 创建一个服从均匀分布的随机数数组 |
| numpy.random.randint | 创建一个指定范围内的随机整数数组 |

NumPy 库中常用的统计运算函数及作用如表 8-23 所示。

表 8-23　NumPy 库中常用的统计运算函数及作用

| 函数名称 | 作用 |
| --- | --- |
| numpy.sum | 计算数组中所有元素的累加和 |
| numpy.mean | 计算数组中所有元素的算术平均值 |
| numpy.std | 计算数组中所有元素的标准差 |
| numpy.var | 计算数组中所有元素的方差 |
| numpy.min | 返回数组中的最小值 |
| numpy.max | 返回数组中的最大值 |
| numpy.argmin | 返回数组中的最小值索引 |
| numpy.argmax | 返回数组中的最大值索引 |

## 单元小结

本单元主要介绍了 Python 常用内置模块的使用，包含 os 模块、math 模块、random 模块和 re 模块。此外，还介绍了 turtle 模块、datetime 模块、jieba 库、PyInstaller 库和 NumPy 库。

## 单元实训　处理旅游日志的日期验证与数据操作

### 1．实训要点

（1）掌握正则表达式在日期验证中的应用。

（2）掌握使用 datetime 模块进行日期格式验证。

（3）掌握使用条件逻辑自动化数据填充。

（4）掌握使用列表和随机选择技术生成数据。

### 2．需求说明

为了确保数据的准确性，利用正则表达式和 datetime 模块验证用户输入的日期格式，并确保其符合 "YYYY-MM-DD" 的标准格式。为了增加用户交互的趣味性和数据的多样性，当用户未输入个人想法时，应用将自动从预设列表中随机选择一个填充。

### 3．实训思路及步骤

（1）基于单元 7 单元实训的代码，使用 Python 的内置模块 re 和 date，在 TravelDiary 类的 add_entry() 方法中，使用正则表达式 (re.match) 检查日期格式是否符合 "YYYY-MM-DD"的格式。如果符合，使用 datetime.datetime.strptime() 方法验证日期的实际有效性；反之，提示 "日期格式必须为 YYYY-MM-DD"。

（2）如果未提供想法时，使用 Python 内置模块 random 的 random.choice() 方法，从预定义的想法列表中随机选择一个想法。

（3）测试添加、保存和加载日志条目的整个流程，确保所有功能按预期工作。

## 单元测试

### 1．选择题

（1）对文件路径进行操作时，（　　　）用来判断指定路径是否存在。

  A．os.path.exists()       B．os.path.exist()

  C．os.path.getsize()       D．os.path.isfile()

（2）下列属于 math 模块中的数学函数的是（　　　）。

  A．time     B．round     C．sqrt       D．random

（3）以下关于 random 模块的描述，正确的是（　　　）。

    A. random()是生成随机整数

    B. 通过 from random import*引入 random 库的部分函数

    C. uniform(0,1)与 uniform(0.0,1.0)的输出结果不同，前者输出随机整数，后者输出随机小数

    D. randint(a,b)生成一个[a,b]范围内的整数

（4）在 Python 中使用（　　）函数可生成随机浮点数。

    A. randrange      B. uniform      C. randint      D. getrandbits

（5）返回正则表达式在字符串中所有匹配结果的列表的函数是（　　　）。

    A. findall      B. search      C. split      D. sub

（6）符号前的元素会被匹配 0 次或多次的是（　　　）。

    A. +      B. ?      C. *      D. !

## 2. 操作题

（1）输入一个正整数 n，自动生成 n 个 1~100 范围内的随机浮点数，输出每个随机数，计算并显示平均值。输入和输出示例如表 8-24 所示。

表 8-24　输入和输出示例

| 输　　入 | 输　　出 |
| --- | --- |
| 4 | 27.337682138808397 |
|  | 25.469857251321084 |
|  | 86.76520259704735 |
|  | 3.68117383527287464 |
|  | the average is:35.81362008 |

（2）使用 os 模块编写一个脚本，按顺序执行以下操作：列出当前目录内容，检查并显示 example.txt 的大小，创建 example_dir 目录（如果尚不存在），并删除 example_to_delete.txt 文件（如果 example_to_delete.txt 文件存在）。

（3）使用元字符匹配"张三和李四的出生日期分别是 1999-07-02 和 1998-05-17"中的时间字符串。

（4）使用 math 模块设计程序，当输入球的半径时，自动计算球的体积。

（5）随机生成一个 1~100 之间的整数，让用户猜测，用户最多只能猜 6 次。若输入的数与随机数相同时，则输出"恭喜你，猜对了！"，程序结束。若输入的数比随机数小，则输出"小了，请再试试"，程序继续；若输入的数比随机数大，则输出"大了，请再试试"，程序继续；若 6 次还没猜对，在评判大小后，输出"谢谢！请休息后再猜"，程序退出。

## 3. 实践题

随着人工智能技术愈加成熟，为了防止机器自动操作，验证码能有效防止自动化工具或脚本进行批量操作，如自动注册账号、提交表单、自动登录。这类自动化行为通常用于发起垃圾邮件攻击、刷流量或其他恶意活动。通过编程实现随机生成验证码，随机生成的验证码输出到控制台后，用户需输入前面生成的验证码，直到正确输入后程序结束，具体操作如下。

（1）自定义函数，使用大小写字母和数字随机生成 4 位数验证码。

（2）调用自定义函数，并输出生成的验证码。

（3）结合使用 while 循环和 if-else 语句，让用户输入验证码，判断用户输入的验证码是否正确，正确则退出循环，错误则循环继续。

# 单元 ⑨ 综合案例：学生测试程序设计

随着计算机技术和互联网的快速发展，其在现代高等教育中的应用显著提高了学生在校的学习效果和效率。基于计算机技术的线上测试系统可以使出题、组题、答题、阅卷等过程变得便捷高效、公平公正，有效地减少了资源的消耗，贯彻了节约优先的可持续发展理念。本单元将介绍构建一个简单的学生测试程序，实现抽取试卷、读取试卷、获取标准答案、计算成绩等操作。

## 思维导图

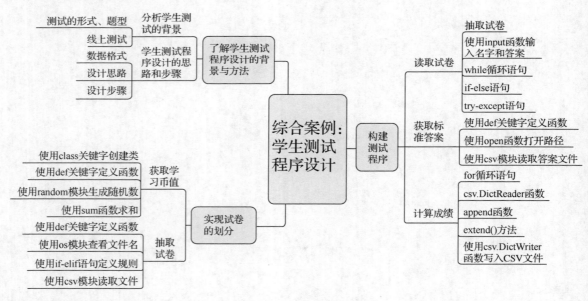

## 学习目标

（1）了解学生测试的背景。

（2）熟悉设计学生测试程序的思路与步骤。

（3）掌握学习币值的获取方法。

（4）掌握定义抽取试卷规则的方法。

（5）掌握试卷的读取方法。

（6）掌握标准答案的输入方法。

（7）掌握成绩的计算方法。

## 素养目标

（1）通过设计学生测试程序，便捷、高效地进行阅卷，有效减少资源的消耗，贯彻节约优先的可持续发展理念。

（2）通过学习测试的客观、公平、公正原则，提升规则意识，培养学生诚信和自律的品质。

## 9.1 了解学生测试程序设计的背景与方法

9.1 了解学生测试程序设计的背景与方法

为了对学生的学习成果进行检验，学校通常会通过测试或考试等方法查看学生的学习状态。本案例通过分析学生测试的背景，设计一个简单的学生测试程序，实现自动抽卷、自动阅卷和自动评分等功能。

### 9.1.1 分析学生测试的背景

测试主要是为了检验学生的学习成果，查看学生的学习状态，为教师提供教学分析的依据。目前，常见的测试形式有笔试、口试、线上测试等。笔试的试卷内容范围较广，通常一份笔试试卷可以有几十道乃至上百道试题。此外，笔试试卷可以密封，在正式考试时才会开封，在评卷时有客观的记录，测试材料可以保存备查，较好地体现了客观、公平、公正的原则。采用笔试的方法进行测试，每个学生机会均等且测试成绩相对客观，这是其他形式难以替代的。然而，笔试的缺点在于每次测试都需要花费大量的人力、物力和财力进行出卷、印卷、阅卷、核对成绩等操作，而且学生需要在规定时间、规定地点进行测试。随着时代的发展，测试题型也在逐渐增加，教师出卷、阅卷和核对成绩的工作量也大幅增加。

为了进一步体现客观、公平、公正的原则，测试试卷通常会被设置为 A 卷、B 卷、C 卷、D 卷等。这种设置一方面可以防止学生作弊，保证学生成绩的公平，另一方面可以应对试卷泄露等突发情况。例如，当 A 卷不可用时，可以使用 B 卷，以保证测试的正常进行。与此同时，设置不同的试卷可以避免学生事后对答案的情况出现，从而避免学生因情绪波动而影响下一科目的测试。

常见的测试题型主要有选择题、判断题、填空题、简答题和应用题等，通常情况下，一份测试试卷会包含多种题型，主要分为客观性试题和主观性试题。客观性试题如选择题、判断题、填空题等，其答案只需要用简单的文字或符号来表达，试题量大，涉及内容多，对学生思维的敏捷性、掌握知识的全面性要求较高，而且答案标准，评分客观、公正；主观性试题如简答题、应用题等，此类型试题的答案需要学生经过思考，并用较多的文字进行表达，对学生思维的逻辑性、条理性和学生的文字表达能力要求较高，但评卷时易受教师主观因素的影响。

学校是举行测试频率较高的单位之一。在各大高校中，课程众多，任课教师工作繁忙，每次测试都需要进行试卷命题、复印试卷、回收试卷、评阅试卷等一系列工作，而且专业不同、班级不同、教师不同等因素都可能会影响到测试的有效性、准确性、公平性等，给学校、教师、学生等带来诸多不便。

线上测试能够较好地解决上述问题。线上测试和笔试的基本流程大致相同，即试卷命题、复印试卷、回收试卷、评阅试卷等。线上测试将这些步骤从纸质介质转移到计算机与互联网这一传播介质上，帮助教师减轻出卷、印卷与阅卷的工作压力，减少传统笔试出卷方式和阅卷方式容易产生的错误。线上测试能够将学生从规定时间、规定地点的传统测试形式中解放出来，学生只要能够连接互联网，即可在任何地点进行测试，大大提高了测试效率，同时，线上测试还能够大大减少印刷材料等资源的消耗。

### 9.1.2　学生测试程序设计的思路和步骤

本案例主要介绍设计简单的学生测试程序，因此，测试题型仅以判断题为例。其中，题目数量为 10 道，测试试卷分为 A、B 两卷，A、B 两卷的测试范围相同（均是对 Python 的基础知识进行测试），题目的难易程度相同，且题型均为判断题。A、B 两卷的不同点在于题目内容将会有所变化。试卷的题目格式如图 9-1 所示。

---

在 if-elif-else 的多个代码块中只会执行一个代码块。

---

对于可变参数，不显示参数的个数，同时也不限制参数的个数，其主要用在参数比较多的情况下。

---

函数名称可以用于调用函数。函数名称不能使用关键字来命名，可以使用函数功能的英文名来命名，函数名称的命名方法有驼峰法和下画线法。

---

当执行函数时，无论有无返回值，都必须写 return 语句。

---

……

图 9-1　试卷的题目格式

在测试程序中，除了试卷外，还需要配置试卷对应的标准答案，以便后续给学生提供一定的参考。在本案例中，A、B 两卷的标准答案存放在试卷答案文件夹中，试卷的答案格式如表 9-1 所示。

表 9-1　试卷的答案格式

| 题　目 | 答　案 | 题　目 | 答　案 | 题　目 | 答　案 |
|---|---|---|---|---|---|
| 第 1 题 | 正确 | 第 5 题 | 错误 | 第 9 题 | 正确 |
| 第 2 题 | 正确 | 第 6 题 | 正确 | 第 10 题 | 错误 |
| 第 3 题 | 正确 | 第 7 题 | 正确 | | |
| 第 4 题 | 错误 | 第 8 题 | 错误 | | |

成绩单是大多数测试用于记录成绩的方式，将成绩添加到成绩单中可以使学生、教师和家长更方便地查看学生总体成绩，通过成绩单可以知道学生的学习成果和学生的在校状态。此外，成绩单还能让学生之间相互激励，了解自己目前所处的位置。例如，某班 1 组

的学生第一次测试"Python 基础知识"的成绩存放在成绩单中，如表 9-2 所示。

表 9-2 "Python 基础知识"的测试成绩单

| 名　字 | 成　绩 | 名　字 | 成　绩 | 名　字 | 成　绩 |
| --- | --- | --- | --- | --- | --- |
| 叶亦凯 | 60 | 郭仁泽 | 40 | 姜晗昱 | 90 |
| 张建涛 | 80 | 唐莉 | 70 | 杨依萱 | 90 |
| 莫子建 | 90 | 张馥雨 | 60 | | |
| 易子歆 | 100 | 麦凯泽 | 80 | | |

本案例通过程序随机抽取试卷（A 卷或 B 卷），将试卷中的 10 道判断题题目逐个输出展示，并提示学生输入对应题目的答案，最后通过将输入答案与标准答案进行匹配，计算该学生的成绩并将其添加到成绩单中。

根据上述的分析过程与思路，得到总体流程如图 9-2 所示，主要包括以下步骤。

（1）使用 random 模块生成随机整数，以获取学习币值。

（2）定义试卷的抽取规则，并抽取试卷。

（3）读取试卷，逐个输出题目，并提示学生作答。

（4）定义试卷答案的获取规则，并获取标准答案。

（5）计算成绩，并将成绩添加到成绩单中。

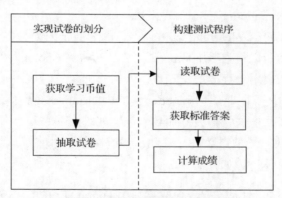

图 9-2　学生测试程序总体流程

## 9.2 实现试卷的划分

在构建测试程序前，需要做一系列准备工作。本节将创建一个 Test_Paper 类，并定义获取学习币值函数用于获取随机整数，以取得学习币值；定义抽取试卷函数，根据学习币值抽取相对应的试卷。

9.2 实现试卷的划分

### 9.2.1 获取学习币值

面向对象设计模式的目的是提升代码的可读性、可复用性，保证代码的可靠性。类的定义和函数的定义相似，在执行由 class 引导的整段代码后，类才能生效。使用 class 关键字创建一个 Test_Paper 类，主要实现的内容包括获取学习币值、抽取试卷。Test_Paper 类的基本框架如代码 9-1 所示，关于类中自定义函数的参数解释，将在后文设置函数体时进行介绍。读者在开发的过程中，可以尝试借助某些 AIGC 工具以提高开发的效率。

代码 9-1　Test_Paper 类的基本框架

```
class Test_Paper():
    # 定义 learning_coin 函数获取学习币值
    def learning_coin(numbers, points):
        pass


    # 定义抽取试卷的规则并抽取试卷
    def rule(total):
        pass
```

学习币值是随机抽取试卷的重要依据，本案例主要通过掷骰子的方式获取学习币值。每一个骰子均为 6 面，点数分别为 1、2、3、4、5、6。假定设置的骰子数量为 3，通过摇动骰子，使得 3 个骰子随意停止在同一平面上，得到的骰子的总点数会是[3,18]中的任意整数。随机获得 3 个骰子的点数并求和，点数之和即学习币值。获取学习币值的过程如下。

（1）导入所需要的 random、csv 和 os 模块。

（2）使用 def 关键字定义 learning_coin 函数，因为骰子的数量为 3，且在没有摇动骰子时，假设其点数为空，所以将参数 numbers 设置为 3，参数 points 设置为 None。

（3）定义 points 列表用于存放骰子点数。

（4）利用 while 循环，同时运用 random 模块中的 randrange 函数生成 3 个随机整数，整数所在范围为[1,7)，并将这些整数添加到 points 列表中。

（5）运用 sum 函数对骰子点数进行求和，并返回学习币值。

获取学习币值的具体过程如代码 9-2 所示。

代码 9-2　获取学习币值的具体过程

```
import random
import csv
import os
class Test_Paper:
    # 定义 learning_coin 函数获取学习币值
    def learning_coin(numbers=3, points=None):
        '''
        输入
        ----------
        numbers: 骰子个数
```

```
            points: 骰子点数

        输出
        -------
        total: 学习币值
        '''
        points = []
        while numbers > 0:
            point = random.randrange(1, 7)   # 生成1～6的随机整数
            points.append(point)   # 将生成的随机整数添加到列表中
            numbers = numbers - 1
        total = sum(points)   # 获得的学习币值
        return total   # 返回学习币值
```

## 9.2.2　抽取试卷

为了防止学生作弊、事后对答案等情况出现，本案例设置了 A、B 两份试卷。根据 9.2.1 小节介绍的骰子总点数范围，定义试卷抽取规则，将范围[3,18]平分为[3,10]、[11,18]，判断学习币值所在范围，并抽取相对应的试卷。设定当学习币值属于[3,10]时，抽取 A 卷；当学习币值属于[11,18]时，抽取 B 卷。抽取试卷的具体过程如下。

（1）使用 def 关键字定义 rule 函数，其中参数为 total（学习币值）。

（2）使用 os 模块查看试卷文件夹中所有的试卷名。

（3）使用 if-elif 语句定义抽取试卷的规则。

（4）使用 open 函数打开文件路径。

（5）使用 csv.reader 函数读取 CSV 文件。

（6）使用 for 循环将文件的全部内容存储到列表中，并返回试卷列表。

定义试卷抽取规则并抽取试卷的过程如代码 9-3 所示。

代码9-3　定义试卷抽取规则并抽取试卷的过程

```
# 定义抽取试卷的规则并抽取试卷
def rule(total):
    '''
    输入
    ----------
    total: 学习币值


    输出
    -------
    Volume_A: A卷题目或 Volume_B: B卷题目
```

```
    '''
    # 使用 os 模块查看试卷文件夹下的试卷名
    print('全部试卷文件有: ', '/'.join(os.listdir('../data/试卷')))
    if 3 <= total <= 10:  # 学习币值属于[3,10]，抽取 A 卷
        with open('../data/试卷/A卷.csv', 'r',
                encoding=('UTF-8-sig')) as f:
            a = csv.reader(f)
            Volume_A = [aa for aa in a]
            print('------- 正在抽取 A 卷 -------')
        return Volume_A
    elif 11 <= total <= 18:  # 学习币值属于[11,18]，抽取 B 卷
        with open('../data/试卷/B卷.csv', 'r',
                encoding=('UTF-8-sig')) as f:
            b = csv.reader(f)
            Volume_B = [bb for bb in b]
            print('------- 正在抽取 B 卷 -------')
        return Volume_B
```

将 Test_Paper 类所在的文件命名为 test_paper.py，可以在后续步骤中直接调用文件中的类。

9.3 构建测试程序

9.3 构建测试程序

构建测试程序可以完成阅卷、评分等工作，与传统测试相比，能显著提高测试效率。本节调用 Test_Paper 类中的函数读取试卷，提示学生输入答案，并将答案存储到列表中；通过将输入的答案与标准答案进行匹配，计算出学生的成绩，最后将成绩更新至成绩单中。

### 9.3.1 读取试卷

在进行测试之前，需要对 A 卷或 B 卷进行抽取。导入 test_paper.py 文件中的 Test_Paper 类，并调用 Test_Paper 类中的 learning_coin 函数获取学习币值，调用 rule 函数抽取试卷，最后输出学习币值和试卷内容，如代码 9-4 所示。

代码 9-4　调用函数获取学习币值并抽取试卷

```
from test_paper import Test_Paper
# 抽取试卷
total = Test_Paper.learning_coin()  # 调用函数，获取学习币值
print('学习币值为: ', total)
topics = Test_Paper.rule(total)  # 调用函数，抽取试卷
```

```
print('------- 试卷抽取完毕 -------')
print('试卷内容为: ', topics)
```

运行代码 9-4 所得结果如下。

```
学习币值为: 6
全部试卷文件有: A卷.csv/B卷.csv
------- 正在抽取 B 卷 -------
------- 试卷抽取完毕 -------
```

试卷内容为: [['关键字参数可以和其他类型的参数一起使用，如果一起使用，那么关键字参数必须位于最后面。'], ["[ 'abcd', 786 , 2.23, 70.2 ]类型数据属于元组。"], ["{'name': 'john','code':6734, 'dept': 'sales'}类型数据属于字符串。"], ['在单引号所引字符串中的双引号不用转义，同理，双引号所引字符串中的单引号也不用转义。'], ['Python 支持数学意义上的集合运算，如差集、交集、补集、并集等。'], ['在 Python 中，c //= a 等效于 c = c // a。'], ['在 Python 语言中，while 语句只有在测试条件为假时才会停止。'], ['关键字参数使用**来接收。'], ['def 是定义类的关键字。'], ['在编写条件语句时，应多使用嵌套语句，使用嵌套语句能够加快代码的运行速度。']]

由代码 9-4 运行结果可知，随机产生的学习币值为 6，在试卷文件夹中有 A 卷和 B 卷两种。根据 9.2.2 小节抽取试卷的规则可知，因为 6 在[3,10]内，所以程序对应抽取试卷 A。由于学习币值是随机生成的，所以每次运行代码 9-4 得到的结果可能存在差异。

学生在进行测试时，需要输入自己的学号或名字等信息，以保证自身成绩的准确性。可以使用 input 函数实现键盘输入，并通过 if-else 语句判断名字是否已输入，若名字已输入，则进入下一步；若名字未输入，则提示学生重新输入名字，如代码 9-5 所示。

**代码 9-5　输入学生名字**

```
# 开始测试
print('\n------- 测试开始 -------')
new_name = input('请输入名字: ')
nn = 1
while nn > 0:
    if len(new_name) == 0:
        new_name = input('尚未输入，请重新输入名字: ')
    else:
        nn = -1
    nn += 1
```

运行代码 9-5 所得结果如下。

```
------- 测试开始 -------

请输入名字: 叶亦凯
```

通过键盘输入的名字可以是任意的，此处以第一次测试的成绩单中的叶亦凯为例。

在读取试卷后，所有题目均被存放在列表中，为了使学生答题更加方便，本案例利用 while 循环逐个输出题目，并通过 input 函数提示学生输入答案。

为便于后续计算学生成绩，规定答案的输入格式为"正确"或"错误"。通过 if-else 语句判断输入格式是否正确，当输入格式正确时，将答案添加到自定义的 answers 列表中，并进入下一题；当输入格式错误时，输出错误提示并要求学生重新作答。

当使用 while 循环语句和 if 判断语句进行题目输出和作答时，虽然错误信息没有直接显示，但是通过页面显示的最终结果可以判断出程序存在错误。在程序执行时，异常报错可能会影响到输出结果的显示，此时即可使用 try-except 语句进行异常处理，抛出相应的异常提示信息。输出题目并输入答案的实现如代码 9-6 所示。

**代码 9-6　输出题目并输入答案**

```python
answers = []  # 定义用于存储答案的列表
tp = 0
try:
    while tp < len(topics):
        # 获取题目
        print('第' + str(tp + 1) + '题: ' + ' '.join(topics[tp]))
        # 用键盘输入答案
        answer = input('请输入第' + str(tp + 1) + '题的答案（注意输入格式为"正确"或"错误"): ')
        print('\n')
        # 判断输入格式是否正确，正确则进入下一步，否则提示重新输入
        if answer == '正确' or answer == '错误':
            answers.append(answer)
            tp += 1
        else:
            print('输入格式有误，请重新审题并按正确格式作答。\n')
except:
    print(' ')
```

运行代码 9-6 所得结果如下。

第 1 题：在 if-elif-else 的多个代码块中只会执行一个代码块。


请输入第 1 题的答案（注意输入格式为"正确"或"错误"): 正确


第 2 题：可变参数不显示参数的个数，同时也不限制参数的个数，其主要用在参数比较多的情况下。

请输入第 2 题的答案（注意输入格式为"正确"或"错误"）：正确

……

第 10 题：参数用于给函数提供数据，参数没有形参和实参之分。

请输入第 10 题的答案（注意输入格式为"正确"或"错误"）：错误

由于学习币值的获取是随机的，因此抽取到的试卷可能不同，代码 9-6 的运行结果也可能不同。

### 9.3.2 获取标准答案

为了计算学生成绩，需要将学生输入的答案和标准答案进行匹配。可通过骰子总点数的范围来定义获取标准答案文件的规则，其划分方式与 9.2.2 小节的划分方式类似。当学习币值属于[3,10]时，获取 A 卷的标准答案；当学习币值属于[11,18]时，获取 B 卷的标准答案。获取标准答案的具体过程如下。

（1）导入 csv 模块和 os 模块。

（2）使用 def 关键字定义 info_answer 函数，其中参数为 total（学习币值）。

（3）使用 os 模块查看试卷答案文件夹下的文件名。

（4）使用 if-elif 语句判断学习币值所在范围。

（5）使用 open 函数打开试卷答案文件路径。

（6）使用 csv.DictReader 类读取 CSV 格式的答案文件。

（7）使用 for 循环将文件中的答案存储到列表中，并返回答案列表。

定义函数获取试卷的标准答案，如代码 9-7 所示。

#### 代码 9-7 定义函数获取试卷的标准答案

```
import csv
import os
# 定义函数获取试卷的标准答案：根据学习币值所在范围读取相应的文件
def info_answer(total):
    '''
    输入
    ----------
    total：学习币值


    输出
    -------
    answer_a：A 卷答案或 answer_b：B 卷答案
```

```
'''
# 使用 os 模块查看试卷答案文件夹下的文件名
print('试卷答案文件为：', '/'.join(os.listdir('../data/试卷答案')))
if 3 <= total <= 10:
    with open('../data/试卷答案/A 卷答案.csv', 'r',
            encoding=('UTF-8-sig')) as f:
        a = csv.DictReader(f)
        answer_a = [aa['答案'] for aa in a]
        print('------- 正在获取 A 卷答案 -------')
    return answer_a
elif 11 <= total <= 18:
    with open('../data/试卷答案/B 卷答案.csv', 'r',
            encoding=('UTF-8-sig')) as f:
        b = csv.DictReader(f)
        answer_b = [bb['答案'] for bb in b]
        print('------- 正在获取 B 卷答案 -------')
    return answer_b
```

### 9.3.3　计算成绩

在计算成绩时，需要将学生输入的答案与标准答案进行匹配，答案相同即得分。调用 9.3.2 小节自定义的 info_answer 函数获取试卷的标准答案，初始化成绩 res 为 0，利用 for 循环获取 10 道题中每一题的答案，采用 if-else 语句判断每一题输入的答案是否与标准答案 相同，若相同则得分，若不同则不得分，最后得到学生成绩 res 并输出，以查看学生成绩 和标准答案，如代码 9-8 所示。

**代码 9-8　计算成绩并查看成绩和标准答案**

```
# 调用函数，获取标准答案
original_answers = info_answer(total)
# 计算成绩时，将输入的答案与标准答案进行匹配
# 题目答对时加分，题目答错时不加分也不扣分，每题 10 分，共 10 题
print('\n------- 正在计算测试成绩 -------\n')
res = 0
for j in range(len(answers)):
    if answers[j] == original_answers[j]:
        res += 10
    else:
        res += 0
```

```
print(new_name + '的成绩为：' + str(res))
print('\n 标准答案为：', original_answers)
```

运行代码 9-8 所得结果如下。

```
试卷答案文件为：  A 卷答案.csv/B 卷答案.csv
------- 正在获取 A 卷答案 -------


------- 正在计算测试成绩 -------

叶亦凯的成绩为：60

标准答案为： ['正确', '正确', '正确', '错误', '错误', '正确', '正确', '错误', '正确',
'错误']
```

在代码 9-8 的运行结果中，测试学生的名字为叶亦凯，其成绩为 60 分，还可以查看试卷的标准答案。由于抽取的试卷不同，对应的标准答案也不同，所以此处的代码运行结果也可能不同。

在获得学生最终成绩之后，通常需要将学生成绩添加到成绩单中，以便教师查看班级学生的成绩情况。现已存在第一次测试的成绩单文件，如果需要通过学生名字更新对应学生的成绩，则需要提取成绩单中所有学生的名字。首先使用 open 函数打开文件路径；然后使用 csv.DictReader 类返回所有的成绩单信息，并将信息存放在字典的值中；最后通过列标题（名字）查询获得所有学生的名字，如代码 9-9 所示。

代码 9-9　提取学生名字

```
# 读取成绩.csv 文件
with open('../data/成绩.csv', 'r', encoding=('UTF-8-sig')) as f:
    c = csv.DictReader(f)
    grades = [cc for cc in c]
results = [item['名字'] for item in grades]  # 提取成绩单中所有学生的名字
print('成绩单中的学生名字：', results)
```

运行代码 9-9 所得结果如下。

```
成绩单中的学生名字： ['叶亦凯', '张建涛', '莫子建', '易子歆', '郭仁泽', '唐莉', '张馥
雨', '麦凯泽', '姜晗昱', '杨依萱']
```

将学生成绩更新到成绩单时，不允许出现名字重复、成绩未更新等情况。可以采用 if-else 语句判断输入的学生名字是否已存在于成绩单中，如果输入的名字存在，那么需要根据字典中的名字键查到其值所在的位置，更新对应学生的成绩，并输出成绩更新完成提示信息；如果输入的名字不存在，那么需要将名字和成绩增添到字典 info_dict 中，并采用 append 函数将字典转换为列表（info），最后通过 extend 方法将列表 info 添加到成绩单 grades 末尾，并输出成绩添加完成提示信息，如代码 9-10 所示。

代码 9-10　更新成绩单

```
# 将学生成绩更新至成绩单中
# 不允许名字重复
if new_name in results:
    # 根据字典中的名字键找到对应成绩，并更新成绩
    next(item for item in grades if item['名字'] == new_name)['成绩'] = str(res)
    print(new_name + '的名字在成绩单中已存在，更新成绩完成。')
else:
    # 若输入的名字不存在，则添加数据
    info_dict = {}
    info = []
    # 字典新增数据
    info_dict['名字'] = new_name
    info_dict['成绩'] = str(res)
    # 将字典转换为列表
    info.append(info_dict)
    # 将学生成绩信息添加到成绩单中
    grades.extend(info)
    print(new_name + '的成绩信息已成功添加到成绩单中。')
```

运行代码 9-10 所得结果如下。

```
叶亦凯的名字在成绩单中已存在，更新成绩完成。
```

由代码 9-10 运行结果可知，学生叶亦凯的名字在成绩单中已存在，系统直接对成绩进行覆盖。此处的运行结果为测试结果，如果输入的学生名字不同，输入的答案不同，那么运行结果也可能不同。

将学生成绩添加到成绩单后，数据以字典的形式呈现，可以通过 csv 模块中的 csv.DictWriter 类将数据写入 CSV 文件。首先，需要找出字典数据中键的集合，然后通过 writeheader 函数向文件添加标题，最后通过 writerows 函数将字典的内容写入文件，如代码 9-11 所示。

代码 9-11　将成绩单数据写入 CSV 文件

```
# 将成绩单数据写入 CSV 文件
key = []  # 键的集合
for i in grades[0].keys():
    key.append(i)
with open('../tmp/更新后的成绩单.csv', 'w', newline = '') as f:
    transcript = csv.DictWriter(f, key)
    transcript.writeheader()  # 输入标题
```

```
transcript.writerows(grades)    # 输入数据
```

写入完成的 CSV 文件如表 9-3 所示。

表 9-3　写入完成的 CSV 文件

| 名　字 | 成　绩 | 名　字 | 成　绩 | 名　字 | 成　绩 |
|---|---|---|---|---|---|
| 叶亦凯 | 80 | 郭仁泽 | 40 | 姜晗昱 | 90 |
| 张建涛 | 80 | 唐莉 | 70 | 杨依萱 | 90 |
| 莫子建 | 90 | 张馥雨 | 60 | | |
| 易子歆 | 100 | 麦凯泽 | 80 | | |

由表 9-3 可知，叶亦凯的成绩更新为 80 分。如果输入的名字不同，输入的答案不同，那么更新后的成绩单也可能不同。

## 单元小结

本单元首先介绍了学生测试的基本背景，以及设计学生测试程序的基本思路和基本步骤；然后介绍了如何实现试卷的划分，即通过 random 模块随机生成 3 个整数并运用 sum 函数进行求和，其和即学习币值，根据学习币值规定试卷抽取规则并抽取对应的试卷；紧接着介绍了测试程序的构建，首先读取试卷并输入答案，其次定义函数获取标准答案，最后将输入的答案与标准答案进行匹配，计算成绩并更新成绩单。

# 单元⑩ 综合案例：汽车销售数据分析

随着汽车行业的日益繁荣，汽车销售数据呈现出复杂性、多样性。为了更好地理解和把握市场动态，汽车销售数据分析变得尤为重要。本单元将对汽车销售进行探索和处理，绘制相关的可视化图形以分析市场消费趋势，并基于分析结果总结相关的结论并提出策略建议，帮助汽车厂商优化销售策略，提高市场竞争力。

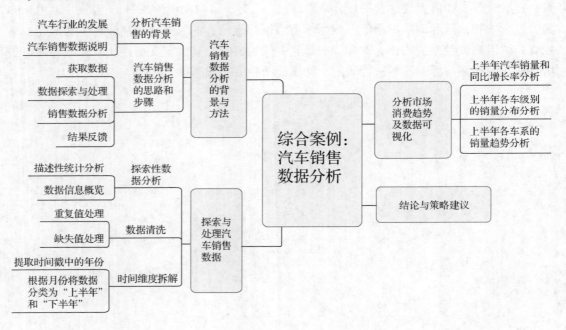

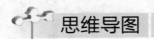

## 学习目标

（1）了解汽车销售的背景。

（2）熟悉汽车销售数据分析的思路和步骤。

（3）了解数据处理的重要性，包括数据清洗、时间数据处理和数据分段技术。

（4）熟悉使用统计图表来可视化数据分析结果。

（5）基于数据分析的结果提出业务建议和市场策略。

## 素养目标

（1）通过选择合适的图表展示数据，提高学生选择合理图形、科学分析用户行为内部规律、优化商业决策的能力。

（2）通过分析市场消费趋势，提出优化销售策略，提高读者运用信息技术解决实际问题的能力，培养学生学以致用的意识。

### 10.1 汽车销售数据分析的背景与方法

根据当前汽车行业的发展趋势和企业面临的挑战，结合实际的汽车销售数据，深入分析市场动态和消费者行为，以便制定更有效的销售策略，提高市场竞争力。

10.1 汽车销售数据分析的背景与方法

#### 10.1.1 分析汽车销售的背景

汽车行业作为国民经济的重要支柱产业之一，其市场表现直接反映了经济的整体发展状况。近年来，随着居民收入的提高和消费升级，居民对汽车的需求不断增长。然而，汽车企业也面临着激烈的市场竞争、政策环境变化和技术革新等多重挑战。通过详细的汽车销售数据分析，汽车企业可以准确把握市场需求，优化产品和服务，提升客户满意度，进而增强市场竞争力。汽车销售数据分析不仅能够揭示不同品牌和车型的市场表现，还能识别市场趋势和消费者偏好，为汽车企业制定科学的销售和营销策略提供有力支持。

本案例中使用的汽车销售数据包含多个维度的信息，包括车系、厂商、车类、品牌、车型、级别、价格、时间、销量和销售规模等，具体的说明如表 10-1 所示。

表 10-1 汽车销售数据说明

| 特征名称 | 特征说明 | 示例 |
| --- | --- | --- |
| 车系 | 表示汽车的品牌所属国别或区域 | 韩系 |
| 厂商 | 汽车制造商的名称 | 厂商 A |
| 车类 | 汽车的类别，如 SUV、轿车等 | SUV |
| 品牌 | 汽车的品牌名称 | 品牌 A |
| 车型 | 汽车的具体型号 | 智跑 |
| 级别 | 汽车的级别，如紧凑型、中型等 | 紧凑型 |
| 价格/万元 | 汽车的价格，以万元为单位 | 17 |

| 特征名称 | 特征说明 | 示例 |
|---|---|---|
| 时间 | 数据记录的时间 | 2023-06-30 |
| 销量/辆 | 在特定时间内销售的汽车数量 | 2955 |
| 销售规模/亿元 | 销售额，以亿元为单位 | 5.0235 |

### 10.1.2  汽车销售数据分析的思路和步骤

本案例的总体流程如图 10-1 所示，主要包括以下步骤。

（1）获取原始的汽车销售数据。

（2）对汽车销售数据进行探索性数据分析，并对数据进行清洗和时间维度拆解。

（3）绘制可视化图表，分析上半年汽车销量和同比增长率、各车级别的销量分布、各车系的销量趋势。

（4）基于分析的结果，总结结论并提出相关的策略建议。

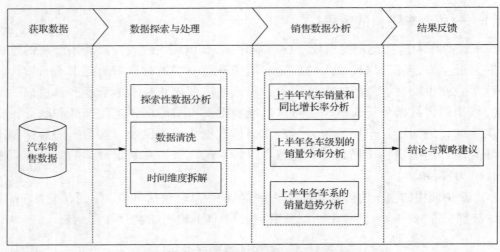

图 10-1  汽车销售数据分析的总体流程

## 10.2  探索与处理汽车销售数据

10.2  探索与处理汽车销售数据

首先，通过对汽车销售数据进行初步的探索，可以了解数据集的结构、分布和特点，获取对数据集的整体认识。其次，执行基本的数据清洗操作，包括删除重复值和处理缺失值，确保后续分析的准确性和有效性。最后，还需对清洗后的数据进一步处理，从数据中提取关键的时间信息，以便于后续对市场趋势的分析。探索与处理汽车销售数据的流程如图 10-2 所示。

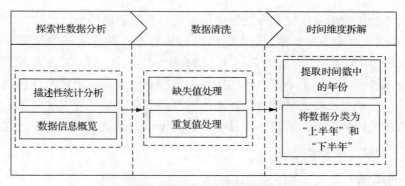

图 10-2　探索与处理汽车销售数据的流程

## 10.2.1　探索性数据分析

汽车销售数据包含 2019—2023 年的详细汽车销售记录，包含车系、厂商、车类、品牌、车型、级别、价格、时间、销量和销售规模等多个维度。对汽车销售数据进行描述性统计分析和数据信息概览，如图 10-3 和图 10-4 所示，具体代码详见"探索性数据分析.py"文件。（注：本单元将主要介绍汽车销售数据分析的流程和方法，如需了解案例的具体代码操作，请详见相关的代码文件。如果对操作代码中使用的函数/方法等存在疑问，可通过一些 AIGC 工具在一定程度上辅助学习。）

```
探索性数据分析
          价格/万元           销量/辆       销售规模/亿元
count   7122.000000      7122.000000    7122.000000
mean      18.035524     10412.346953      17.795720
std       11.248405      8809.631491      22.306438
min        4.000000         0.000000       0.000000
25%       10.000000      4502.750000       6.486750
50%       14.000000      8069.500000      12.047400
75%       22.000000     13311.250000      22.892000
max       61.000000    199743.000000     998.715000
```

图 10-3　描述性统计分析

```
<class 'pandas.core.frame.DataFrame'>
RangeIndex: 7122 entries, 0 to 7121
Data columns (total 10 columns):
 #   Column     Non-Null Count  Dtype
---  ------     --------------  -----
 0   车系         7122 non-null   object
 1   厂商         7122 non-null   object
 2   车类         7122 non-null   object
 3   品牌         7122 non-null   object
 4   车型         7122 non-null   object
 5   级别         7122 non-null   object
 6   价格/万元      7122 non-null   int64
 7   时间         7122 non-null   datetime64[ns]
 8   销量/辆       7122 non-null   int64
 9   销售规模/亿元    7122 non-null   float64
dtypes: datetime64[ns](1), float64(1), int64(2), object(6)
memory usage: 556.5+ KB
None
```

图 10-4　数据信息概览

通过对汽车销售数据进行探索性数据分析可知，汽车销量的平均值约为 10412 辆、标准差约为 8810 辆、最小值为 0 辆、最大值高达 199743 辆，汽车价格的范围为 4 万～61 万元，平均价格约为 18.04 万元，标准差约为 11.25 万元。其中，汽车销量标准差较大，说明销量数据的波动性高，市场上不同汽车的销售表现相差极大，从未售出到热销车型均有。汽车的价格分布反映了市场上从经济型到豪华型汽车都有销售，且价格差异显著。

通过对汽车销售数据进行描述性统计分析和数据信息概览，我们可建立对数据集的初步认识，为后续分析提供基础。

### 10.2.2　数据清洗

在数据清洗阶段，常见的问题包含重复值和缺失值。重复值会导致销量等关键指标被人为夸大，扭曲分析结果，因此需要对汽车销售数据中的重复值进行删除处理。此外，为了确保后续分析的完整性和准确性，还应对含有缺失值的行进行删除处理。虽然经过重复值和缺失值处理数据集的总行数减少了，但数据的质量提高了，从而保证了数据分析的有效性。对汽车销售数据进行清洗的具体代码详见"数据清洗.py"文件。

### 10.2.3　时间维度拆解

由于本案例主要分析上半年的销售情况，因此需要对时间维度进行拆解，提取时间戳中的年份，并根据月份将数据分类为"上半年"和"下半年"。对时间维度进行拆解后，能够专注于每年上半年的销量变化，为季节性分析奠定基础。对时间维度进行拆解的示例如表 10-2 所示，具体代码详见"时间维度拆解.py"文件。

表 10-2　对时间维度进行拆解的示例

| 时　间 | 年　份 | 半　年 |
| --- | --- | --- |
| 2023-06-30 | 2023 | 上半年 |
| 2022-11-30 | 2022 | 下半年 |
| 2022-06-30 | 2022 | 上半年 |
| 2021-12-31 | 2021 | 下半年 |
| 2021-05-31 | 2021 | 上半年 |

## 10.3　分析市场消费趋势及数据可视化

通过计算销量和同比增长率，分析不同级别和车系的销量分布，揭示市场动态和消费趋势。

### 10.3.1　上半年汽车销量和同比增长率分析

接下来，我们将基于处理后的汽车销售数据，获取上半年数据，计算 2019—2023 年各年份上半年的销量总和，并进一步分析同比增长率，

10.3　分析市场消费趋势及数据可视化

以便于把握市场的年度变化和趋势。绘制上半年汽车销量和同比增长率组合图，如图 10-5 所示，具体代码详见"上半年汽车销量和同比增长率分析.py"文件。

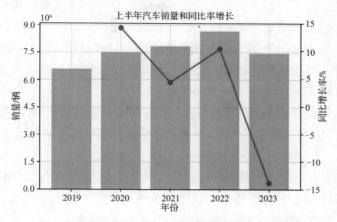

图 10-5 上半年汽车销量和同比增长率组合图

由图 10-5 可知，2019—2023 年，销量先是增加后减少，2020 年和 2022 年的增长体现了市场的复苏，2023 年，销量有所下降。这种波动可能是由多种因素导致的，比如经济环境变化、消费者信心波动、市场竞争等。

## 10.3.2 上半年各车级别的销量分布分析

利用级别（小型、紧凑型、中型、中大型）、销量、年份绘制箱线图，分析上半年各车级别的销量分布情况，如图 10-6 所示，具体代码详见"上半年各车级别的销量分布分析.py"文件。

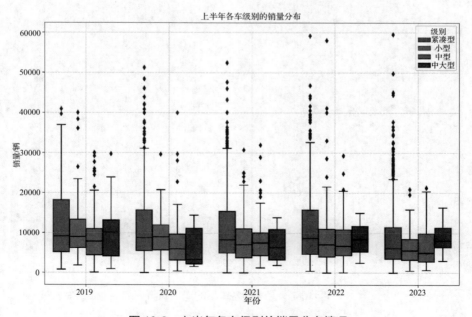

图 10-6 上半年各车级别的销量分布情况

由图 10-6 可知，上半年小型车、紧凑型车、中型车、中大型车的销量分布如下。

（1）小型车销量中位数和四分位数表明这一市场段相对稳定，但异常值的存在也显示出某些小型车销量的巨大波动。从分布情况可知，虽然小型车市场需求广泛，但个别车型可能因特殊因素（如促销活动、品牌效应）而销量突出。

（2）紧凑型车是市场上的主力军，其销量中位数较高且四分位间距较广，显示了紧凑型车在市场上的普遍受欢迎和需求的广泛性。然而，较大的离散程度和异常值也表明市场上对紧凑型车的评价不一，消费者的选择极具个性化。

（3）中型车的销量分布较为紧凑，说明市场需求相对稳定，消费者对中型车的接受度高且较为一致。中型车作为家用车的首选，其稳定的销量分布反映了其坚实的市场地位。

（4）中大型车虽然销量中位数较低，但中大型车在市场上的定位和消费者的偏好可以通过四分位数和异常值观察得更清楚。较高的价格和较低的销量中位数可能意味着这一市场段的车型更多地服务于特定的消费群体，如商务用车群体。

### 10.3.3 上半年各车系的销量趋势分析

利用车系、销量、年份绘制堆叠面积图，分析上半年各车系的销量趋势，如图 10-7 所示，具体代码详见"上半年各车系的销量趋势分析.py"文件。

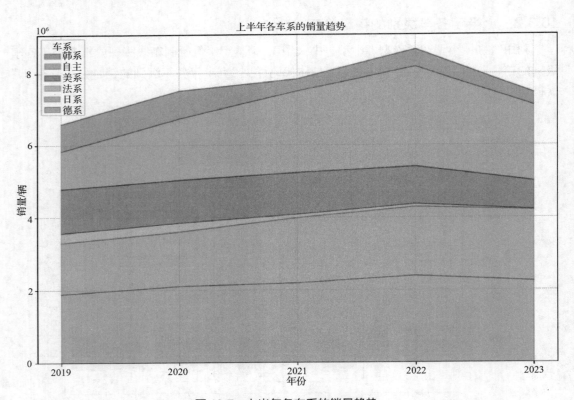

图 10-7 上半年各车系的销量趋势

由图 10-7 可知，德系车、日系车、法系车、美系车、自主品牌车、韩系车的销量趋势如下。

（1）德系车的销量稳步增长，展现出其品牌力和技术优势在市场上的广泛认可。德系车的技术革新和高品质制造是其持续增长的重要因素。

（2）日系车展现出显著的增长势头，尤其在 2023 年，销量大幅上升，这可能与其在新能源和智能驾驶技术上的投入有关。日系车厂商的这一策略显然获得了市场的积极响应。

（3）法系车的销量逐渐变少，法系车虽然以其独特的设计风格和操控性能而闻名，但却面临着激烈的竞争压力。

（4）美系车的销量在 2023 年有所下滑，反映了市场竞争的激烈和美系车在某些市场段的策略调整需要。面对下滑的销量，美系车需要在产品更新和市场定位上进行更多的创新和调整。

（5）自主品牌车的销量增长最为显著，这标志着国内自主品牌的崛起。通过持续的技术攻进和品牌建设，自主品牌车成功地切入了高增长的市场段，赢得了越来越多消费者的信赖和支持。

（6）韩系车的销量相对稳定，这反映了韩系车凭借其时尚的外观设计和较高的性价比逐渐获得了一定的市场份额。

各车系的销量趋势不仅反映了品牌和技术的竞争态势，也揭示了消费者偏好和市场动态的变化。通过分析，我们可以更深入地理解市场的发展方向和品牌的策略选择。

## 10.4　结论与策略建议

根据市场消费趋势的分析结果，可提出以下策略建议。

（1）打造多样化产品线：厂商应根据不同级别和车系的市场表现调整产品线，同时考虑经济型车和豪华型车的产品品类平衡，以适应广泛的市场需求。

（2）关注经济和政策变化：经济和政策变化对汽车销量有显著影响。厂商应密切监控这些变化，并灵活调整市场营销策略，如在经济好转时增加豪华型车的投放。

（3）增强市场研究：继续深化对不同省份和城市的市场研究，根据地区经济发展和消费者偏好调整销售策略，特别是在新兴市场和二线城市寻求增长机会。

（4）未来市场趋势：考虑到经济环境和消费者行为的变化，预计紧凑型车将继续保持强劲的市场表现，而中大型车市场将更多依赖于经济环境和个性化需求的增长。厂商应调整销售策略。

（5）技术发展的影响：随着电动车和自动驾驶技术的发展，预计市场将逐渐向这些新技术转移。厂商需要在这些领域进行投资和研发，以把握未来的市场机会。

（6）紧凑型车的市场推广：鉴于紧凑型车的高销量和广泛的市场接受度，厂商应加大这一细分市场的推广力度，尤其是在经济不确定的时期。

（7）豪华型车的精准营销：对于豪华型车市场，厂商需要更加精准地定位目标消费群体，通过个性化营销和高端服务来吸引消费者。

## 单元小结

本单元主要介绍了汽车销售的基本背景，以及汽车销售数据分析的基本思路和基本步骤；然后对汽车销售数据进行探索和处理；紧接着分析了上半年汽车销量和同比增长率、各车级别的销量分布、各车系的销量趋势，最后基于分析的结果总结相关的结论并提出策略建议。